Sitzungsberichte
der
Heidelberger Akademie der Wissenschaften
Stiftung Heinrich Lanz

Mathematisch-naturwissenschaftliche Klasse

*) *Jahrgang 1921 erschien im Verlage von Carl Winters Universitätsbuchhandlung in Heidelberg.*

Im Verlag von Walter de Gruyter & Co. vormals G. J. Göschen'sche Verlagshandlung — J. Guttentag, Verlagsbuchhandlung — Georg Reimer — Karl J. Trübner — Veit & Comp., Berlin erschienen:

Abteilung A. Mathematisch-physikalische Wissenschaften.

Jahrgang 1922.

1. PERRON, OSKAR. Neue Summationsmethoden und Entwicklungen nach Polynomen. Reichsmark 0·30
2. PERRON, OSKAR. Über transzendente Funktionen auf RIEMANNschen Flächen. Reichsmark 0·60
3. BALDUS, RICHARD. Über die singulären Punkte reeller Parameterkurven. Reichsmark 0·50

Jahrgang 1923.

1. DEECKE, W. Mitteleuropäische Meeresströmungen der Vorzeit. Reichsmark 0·60
2. LIEBMANN, HEINRICH. Die LIE'sche Cyklide und die Inversionskrümmung. Reichsmark 0·40
3. PERRON, OSKAR. Über Gleichungen ohne Affekt. Reichsmark 0·40
4. LIEBMANN, HEINRICH. Beiträge zur Inversionsgeometrie III. Reichsmark 0·40
5. KRÄTZERT, J. Beitrag zur Kenntnis des Andesins von Bodenmais. Reichsmark 0·50

Jahrgang 1924.

1. TH. CURTIUS und A. BERTHO. Einwirkung von Stickstoffkohlenoxyd und von Stickwasserstoffsäure unter Druck auf aromatische Kohlenwasserstoffe. Reichsmark 0·50
2. LIEBMANN, HEINRICH. Umkehrung des Variationsproblems der ebenen Affingeometrie. Reichsmark 0·60
3. SALOMON, WILHELM. Die Intensitäten alluvialer und diluvialer geologischer Vorgänge und ihre Einwirkung auf die pliocäne Rumpffläche des Kraichgaues und Odenwaldes. Reichsmark 1·20
4. HEFFTER, L. Zur absoluten Geometrie. Reichsmark 0·60
5. VAN WERVEKE, L. Über die Entstehung der lothringischen Lehme und des mittelrheinischen Lößes. Reichsmark 1·50

[Fortsetzung siehe 3. Umschlagseite.]

*) Bestellungen auf solche Veröffentlichungen der math.-naturw. Klasse, welche früher im Verlag von Carl Winters Universitätsbuchhandlung in Heidelberg erschienen sind, nimmt auch der Verlag Walter de Gruyter & Co., Berlin, entgegen.

Sitzungsberichte
der Heidelberger Akademie der Wissenschaften
Stiftung Heinrich Lanz
Mathematisch-naturwissenschaftliche Klasse
Jahrgang 1927. 4. Abhandlung.

Chemische Reizwirkung und Giftwirkung

Von

A. Pütter

Mit einem mathematischen Anhange:

Ein Diffusionsproblem

Von

E. Trefftz

Berlin und Leipzig 1927

Walter de Gruyter & Co.

vormals G. J. Göschen'sche Verlagshandlung / J. Guttentag, Verlagsbuchhandlung / Georg Reimer / Karl J. Trübner / Veit & Comp.

Chemische Reizwirkung und Giftwirkung.

Eine Theorie der Wirkung chemischer Reize muß in ihrer allgemeinen Form nicht nur mit der Theorie der Wirkung anderer Reizarten übereinstimmen, sondern auch stets eine Theorie der Giftwirkungen sein, ist doch weder begrifflich noch praktisch eine scharfe Grenze zwischen diesen beiden Arten der Wirkung von chemischen Verbindungen auf lebende Systeme zu ziehen.

Jede allgemeine theoretische Erörterung über die Veränderungen, die durch Reize irgendwelcher Art an lebenden Systemen hervorgerufen werden, wird sich zunächst auf jene Gruppe von Vorgängen beschränken können, die wir als primäre Reizwirkungen bezeichnen, auf jenen ersten Abschnitt des Geschehens, der Induktion genannt wird.

Diese primären Reizwirkungen sind der unmittelbaren Beobachtung im allgemeinen unzugänglich. Die Beobachtung läßt für gewöhnlich nur das Endglied der Kette von Vorgängen erkennen, die sich an die Reizung anschließen. Dieses Endglied besteht in der Reaktion, die ausgelöst wird, sobald die primäre Wirkung, die Induktion, eine gewisse Größe erreicht hat. Die primäre induzierte Wirkung werden wir ganz allgemein als eine Konzentrationsänderung kennzeichnen können. Sobald sie zu einem bestimmten Betrage angewachsen und damit die Schwelle für die Reaktion erreicht ist, befinden sich die reizbaren Systeme in vergleichbaren Zuständen.

Ob die Reaktion in einer Erregung besteht, wie in dem typischen Falle der Wirkung eines chemischen Reizes, oder in einer reversiblen Lähmung, die ebensogut als Erfolg eines chemischen Reizes wie als Giftwirkung aufgefaßt werden kann, oder in einer irreversiblen Lähmung, die den Tod einleitet und somit eine typische Giftwirkung ist, bleibt für eine allgemeine Betrachtung ein Umstand, dem keine grundsätzliche Bedeutung beigemessen werden kann.

Das Problem ist in allen Fällen gleich und besteht darin, anzugeben, welche Bedingungen in bezug auf Stärke und Dauer der chemischen Einwirkung (Reiz oder Gift) erfüllt sein müssen, damit der vergleichbare Zustand der Schwellenwirkung erreicht wird.

Hält man sich diese Überlegungen gegenwärtig, so muß eine Auffassung schwere Bedenken erregen, die einen ganz verschiedenen, ja geradezu gegensätzlichen Mechanismus der Reizwirkungen und Giftwirkungen annimmt.

In dem gedankenreichen Kapitel über Bedingungen der Arzeneiwirkung in Meyer-Gottliebs vortrefflicher experimenteller Pharmakologie behandelt H. H. Meyer auch die Frage nach den Beziehungen, die zwischen der Geschwindigkeit der Wirkung von Giften und ihrer Konzentration bestehen, und führt in diesem Zusammenhang folgendes aus:

Wenn wir als indirektes Maß für die Wirkungsstärke eines Giftes die Geschwindigkeit betrachten, mit der eine bestimmte Wirkung eintritt, so können wir feststellen, daß die Wirkungsstärke nicht proportional der Konzentration, sondern viel rascher steigt. Selbst wenn man sich gegenwärtig hält, daß eine gewisse mindeste Konzentration nötig ist, um überhaupt eine Giftwirkung hervorzurufen, und diese Schwellenkonzentration stets in Abzug bringt, so steigt die Vergiftungsgeschwindigkeit in der Regel noch erheblich rascher, als es der Proportionalität mit den um den Schwellenwert verminderten Giftdosen entsprechen würde.

„Das bedeutet[1]), daß die von einer gewissen Giftmenge getroffene und teilweise alterierte Zelle oder vielleicht ihr noch nicht alterierter, noch normal funktionierender Rest für die nächste zutretende Giftmenge weniger widerstandsfähig, ‚empfindlicher' geworden ist und mit zunehmender Vergiftung immer ‚empfindlicher' wird, bis zuletzt die minimalste Giftzugabe genügt, um den Effekt ad maximum zu treiben. Es ist also ziemlich genau das Gegenteil von dem Verhältnis der Empfindungsintensitäten zu wachsenden Reizen, wie es in dem Weber-Fechnerschen Gesetz ausgedrückt ist. In Kurvenform läßt sich der Gegensatz etwa nach dem Schema Fig. 66[2]) anschaulich machen."

Gegen diesen zunächst so verlockend erscheinenden Vergleich muß ein grundsätzliches Bedenken ganz allgemeiner Art erhoben werden.

Es werden zwei Größen verglichen, die von ganz verschiedener Dimension und somit völlig unvergleichbar sind!

Die Wirkungsstärken sind ja nichts anderes als die reziproken Werte von Zeiten gleichen Geschehens: diese Zeiten gleichen Geschehens werden verglichen mit Zuständen, die erreicht werden, wenn Reize verschiedener Stärke beliebig lange auf lebende Systeme einwirken, d. h. mit Gleichgewichtszuständen.

Es ist ja der Sinn des Weber-Fechnerschen Gesetzes, anzugeben, wie groß der Zuwachs eines beliebig lange wirkenden Reizes sein muß,

[1]) Meyer u. Gottlieb: Dritte Auflage 1914, S. 549.

[2]) Als Fig. 1 in dieser Abhandlung reproduziert.

damit der Erregungszustand, der sich unter der Wirkung des stärkeren Reizes ausbildet, merklich verschieden von dem Zustande wird, der unter der beliebig langen Wirkung des schwächeren Reizes erreicht wird.

Die beiden Erregungszustände, die verglichen werden, stellen also Zustände dar, die nach beliebig langer, d. h. theoretisch gesprochen nach unendlich langer Zeit erreicht werden; sie sind Gleichgewichtszustände.

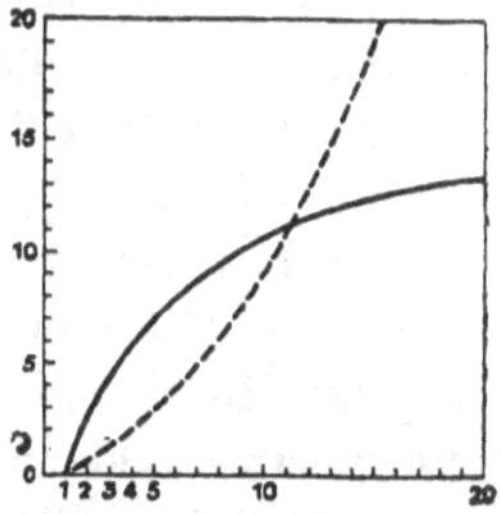

Fig. 1. Verhältnis von Empfindungsstärke und Wirkungsstärke bei verschiedenen Reizgrößen nach H. H. Meyer. Abszisse: Reizgrößen in willkürlichen Einheiten. ———— Empfindungsstärke. - - - - - - Wirkungsstärke.

Die Zeiten gleichen Geschehens aber, die verglichen werden, wenn wir die Wirkungszeiten von Giften vergleichen, bedeuten keine Gleichgewichtszustände, keine stationären Zustände, wie sie sich nach unendlich langer Zeit einstellen.

Wenn wir für sie nach einer Analogie im Bereich der Lehre von den Reizwirkungen suchen, so können wir sie unmöglich in den Erscheinungen finden, die näherungsweise durch das Weber-Fechnersche ‚Gesetz' oder strenger durch das von mir abgeleitete Gesetz der Unterschiedsschwelle[1]) erfaßt werden. Dagegen besteht völlige Übereinstimmung — nicht nur Analogie — zwischen dem Kreise von Erscheinungen, der näherungsweise durch die Reizmengenregel oder strenger durch das von mir entwickelte Gesetz der Nullschwelle[2]) erfaßt wird.

Das Problem ist ja in formaler Hinsicht identisch! In der Lehre von den Reizwirkungen lautet die Frage: nach welcher Zeit wird bei verschiedenen Reizstärken die Konzentration der Erregungsstoffe (R-Stoffe) erreicht, die hinreichend ist, um die Schwellenreaktion auszulösen? Für die Theorie der Giftwirkungen lautet die Frage: nach welcher Zeit wird bei verschiedenen Giftkonzentrationen an einer bestimmten Stelle des Organismus die Konzentration des wirksamen Stoffes erreicht, die eine eben merkliche Giftwirkung zur Folge hat?

Stellen H. H. Meyers Betrachtungen nur eine ganz allgemeine Überlegung dar, so versucht Wo. Ostwald[3]) die gesetzmäßige Beziehung zwischen „Giftigkeit" und Konzentration des Giftes quantitativ durch

[1]) Pflüg. Arch. Bd. 171, S. 230—261. 1918.
[2]) Pflüg. Arch. Bd. 171, S. 215—229. 1918.
[3]) Kolloid-Zeitschrift Bd. 6, S. 297—307. 1910.

eine Gleichung darzustellen, der anscheinend eine bestimmte theoretische Vorstellung zugrunde liegt und die dementsprechend als rationelle Formel angesehen werden müßte.

Auch er wählt den reziproken Wert der Absterbezeit T (allgemeiner der Wirkungszeit) als Maß der Giftigkeit und setzt:

$$\frac{1}{T} = K(c - n)^m$$

Es bedeutet c die Giftkonzentration, n eine Konzentration, der die Deutung der Schwellenkonzentration gegeben wird, die gerade noch oder gerade nicht mehr zu der Wirkung genügt, wenn die Zeit beliebig lang ist ($T = \infty$).

Die Konstanten dieser Gleichung sind die Größen K und der Exponent m. In den beobachteten Fällen ist m etwa 2 bis 3, so daß die ganze Gleichung eine Ähnlichkeit mit der Gleichung der Adsorptionsisotherme bekommt. Hierin sieht OSTWALD auch die theoretische Bedeutung seiner Gleichung. Er glaubt sie so auffassen zu können, daß die Giftigkeit der Giftkonzentration proportional sei, die im Adsorptionsgleichgewicht erreicht wird.

Auch gegen diese Gleichung muß der gleiche grundsätzliche Einwand erhoben werden, wie gegen den Vergleich H. H. MEYERS.

Auf der einen Seite der Gleichung steht eine Zeit (die Wirkungszeit), auf der anderen eine Konzentration. Es werden damit zwei Größen von ganz verschiedener Dimension einander gleichgesetzt.

Schon aus dieser Eigenschaft der Gleichung ergibt sich, daß sie nicht geeignet sein kann, die Vorgänge rationell darzustellen, die durch sie erfaßt werden sollen. Die Konzentration stellt nach Wo. OSTWALDS Auffassung wieder eine Größe dar, durch die ein stationärer Zustand (der des Adsorptionsgleichgewichts) gekennzeichnet wird, d. h. ein Zustand, wie er nach unendlich langer Zeit erreicht wird.

Die Forderung, der eine Gleichung genügen muß, die das Wesen des Vorganges der Vergiftung beschreibt, ist die: Es müssen auf beiden Seiten der Gleichung Konzentrationen stehen, und zwar auf beiden die gleiche Konzentration, nämlich die, bei der eben eine Wirkung eintritt, d. h. die Schwellenkonzentration. Diese Konzentration tritt auf der einen Seite als Funktion der Zeit auf. Es handelt sich ja gerade darum, die Zeit anzugeben, nach der bei verschiedenen von außen einwirkenden Konzentrationen im Innern des lebenden Systems eine bestimmte, in allen Fällen gleiche Zustandsänderung eintritt. Diese Zustandsänderung ist wieder durch eine Konzentration gekennzeichnet. Nicht oder doch nicht notwendig durch die Konzentration des Stoffes, der von außen eindringt, sondern durch die Konzentration irgendeines Stoffwechselproduktes, dessen Konzentrationsänderung durch das Gift bewirkt wird.

Nun ist es aber doch OSTWALD gelungen, eine ziemlich weitgehende Übereinstimmung zwischen den Beobachtungen und seiner Gleichung zu erweisen. Liegt ihr also nicht doch eine sachlich richtig gesehene Beziehung zugrunde?

Es wird immer möglich sein, ein nicht zu langes Stück der empirisch gefundenen Kurve, die die Beziehung der Absterbezeit oder ihres reziproken Wertes (der „Giftigkeit") zur Konzentration des Giftes darstellt, als Potenz dieser Konzentration darzustellen. Noch leichter wird eine solche Darstellung gelingen, wenn man von der Konzentration einen beliebigen Wert subtrahiert, dem man die Deutung der Schwellenkonzentration gibt.

Die Frage ist aber, ob einer solchen Konstruktion irgendwelche sachliche Bedeutung zukommt. Ich halte die Übereinstimmung der beobachteten Zahlen mit denen, die nach OSTWALDS Formel berechnet sind, nur für den Erfolg einer sehr naheliegenden Interpolation. Daß die Formel in der Tat nur die Bedeutung einer Interpolationsformel hat, wird sogleich klar, wenn man den Begriff der „Giftigkeit" fallen läßt und nur von Wirkungszeiten spricht. Verleitet die Formulierung: die Giftigkeit ist proportional der Konzentration des adsorbierten Giftes, dazu, in der Gleichung den mathematischen Ausdruck einer theoretischen Anschauung zu sehen, so tritt der Charakter der Interpolationsformel sogleich hervor, wenn man sagt: die Wirkungszeiten lassen sich darstellen als Potenzen der Giftkonzentrationen, die um einen konstanten Wert vermindert sind. Dieser konstante Wert wird als Schwellenkonzentration angesehen.

Wenn es gelegentlich gelingt, die Giftigkeit einfach als Potenz der Giftkonzentration darzustellen, ohne daß die Schwellenkonzentration subtrahiert wird, so liegt das wohl im allgemeinen daran, daß die Schwellenkonzentration sehr klein im Vergleich zu den in ihrer Wirkung untersuchten Konzentrationen ist. Daß die Angabe des Exponenten der Giftkonzentration, mit dem die Giftigkeit steigt, nichts zum Verständnis des Vergiftungsvorganges beiträgt, sei hier nur deshalb besonders erwähnt, weil in einer Arbeit aus neuester Zeit in seiner Angabe anscheinend ein Erfolg erblickt wird. FORTNER [1]) bestimmt für den einen Fall der Wirkung von $KClO_3$ auf Paramaecium die Absterbezeiten bei sechs verschiedenen Konzentrationen und leitet aus

[1]) Biol. Zentralbl. Bd. 46. 1926. S. 185—190.

seinen Zahlen einen „Intoxikationsexponenten" von 1,844 ab. Bei Berücksichtigung der Literatur hätte der Autor noch verschiedenes experimentelle Material (z. B. bei PAUL, REUSS u. BIRSTEIN sowie WAKELIN BARRATT[1]) wie theoretische Gedankengänge (z. B. bei Wo. OSTWALD) finden können und würde dann erkannt haben, daß seine Ausführungen durchaus keinen Fortschritt bedeuten.

Von der Genauigkeit seiner Zahlenangaben hat der Autor keine Vorstellung. Er schreibt darüber: (S. 188) „Die aus zahlreichen Experimenten gewonnenen Mittelwerte bürgen für die zur Beweisführung der aufgestellten Theorie nötige Genauigkeit...", gibt aber das Genauigkeitsmaß weder für seine Beobachtungen noch für den errechneten „Intoxikationsexponenten" an. Für die Beobachtungsdaten sei dies nachgeholt.

Proz. $KClO_3$	0,5	1,0	2,0	3,0	4,0	5,0
Zeit bis zum Absterben in Sekunden	3984 ± 530	990 ± 121	339 ± 29	$158 \pm 15{,}6$	$90 \pm 6{,}8$	$60 \pm 1{,}2$

Für die beiden schwächsten Konzentrationen beträgt der mittlere Fehler des Mittelwertes schon 12,2 oder 13,4 %. Durch eine Reihe von Punkten, die nur mit solcher Genauigkeit festgelegt sind, kann man natürlich alle möglichen Kurven legen. FORTNER sieht in der Interpolation, die er durchführt, eine Theorie. Aus einer solchen müßte sich unbedingt die Lage der Schwellenkonzentration als ausgezeichneter Punkt ergeben, was natürlich bei FORTNERS Gleichung nicht der Fall sein kann, da sie als reine Interpolationsformel nichts über die Beziehungen zwischen Konzentration und Absterbezeit außerhalb des beobachteten Intervalls aussagen kann.

Wird einem größeren Tier eine bestimmte Giftmenge in einem gegebenen Augenblick per os, subkutan oder intravenös einverleibt, so ist die Giftkonzentration, die die einzelnen Gewebe trifft, eine Funktion einer ganzen Anzahl von Variabeln, die nur zum Teil als näherungsweise bekannt betrachtet werden können. Die Form dieser Funktion ist so verwickelt, daß es praktisch nicht möglich ist, sie darzustellen.

Sehr viel einfacher liegt die Sache, wenn ein Organismus, der den chemisch wirksamen Stoff durch seine Oberfläche aufnimmt, zu einer bestimmten Zeit in ein Medium gebracht wird, in dem eine gewisse

[1]) Z. f. allg. Physiol. Bd. 4. 1904.

Giftkonzentration herrscht und dessen Volumen so groß ist, daß die von dem Organismus in der Versuchszeit aufgenommene Giftmenge klein gegenüber der ganzen gelösten Giftmenge ist. In diesem Falle wirkt während der ganzen Beobachtungsdauer praktisch die gleiche Giftkonzentration auf die Außenfläche des Organismus ein, und die Aufgabe ist dann nur, anzugeben, wie sich das Eindringen des Giftes (oder Reizstoffes) in das Innere und die primäre Giftwirkung (Reizwirkung) vollzieht. Darf man noch die weitere vereinfachende Annahme machen, daß die Verteilung im Innern des Organismus nicht durch Konvektion in unübersehbarer Weise verwickelt wird, sondern rein durch Diffusion erfolgt, so gewinnt das Problem der chemischen Reizwirkung oder Giftwirkung eine Gestalt, die eine theoretische Behandlung ermöglicht.

In den Arbeiten von W. Barratt[1]) (Paramaecium), Paul, Birstein und Reuss[2]) (Bakterien) und Hartmann[3]) (Bosmina longirostris) liegt ein ziemlich reichliches Beobachtungsmaterial vor, bei dem diese vereinfachenden Umstände mehr oder weniger vollständig zutreffen.

Die eigenartigen Gesetzmäßigkeiten für Giftwirkungen oder chemische Reizwirkungen, die sich aus diesen Arbeiten ergeben, treten besonders klar hervor, wenn man sie mit denen vergleicht, die bei Verwendung anderer Reizarten gefunden worden sind.

Für Lichtreize und Schwerkraftreize hat sich in weitem Umfange, für Temperaturreize in geringerem, das sogenannte Reizmengengesetz bewährt, d. h. es ergab sich, daß das Produkt aus Reizstärke und Reizdauer konstant ist, wenn eine bestimmte Wirkung, z. B. eine eben merkliche Erregung eintritt. Nur bei Reizstärken, die der Intensität der Reizschwelle bei beliebig langer Darbietung nahe liegen, versagt das Reizmengen-„Gesetz", es erweist sich damit als eine Regel.

Die beobachteten Abweichungen von der Reizmengenregel sind theoretisch verständlich. Es konnte eine rationelle Gleichung angegeben werden, die die Beziehungen zwischen Reizstärke und Präsentationszeit richtig gibt, auch in der Nähe der Schwellenintensität, d. h. für lange Reizzeiten.[4])

Die Reizmengenregel erscheint in einem Grenzfall dieses allgemeineren Ausdrucks.

---

[1]) Z. f. allg. Physiol. Bd. 4, S. 438—484. 1904.
[2]) Biochem. Zeitschr. Bd. 29, S. 202—248. 1910.
[3]) Pflüg. Arch. Bd. 170, S. 585—645. 1918.
[4]) Pflüg. Arch. Bd. 171, S. 215—229. 1918.

Auch für chemische Reizwirkungen oder Giftwirkungen gibt es genug Fälle, in denen die einfache Beziehung zwischen Reizstärke (Giftkonzentration) und Wirkungszeit besteht, die die Reizmengenregel zum Ausdruck bringt. Freilich wird sie in der Nähe der Schwelle ebenso ungültig wie für Licht- und Schwerkraftreize. Außerdem aber beobachten wir in vielen Fällen ganz andere Beziehungen zwischen Wirkungszeit und Reizstärke, so daß jedenfalls auch für erheblich überschwellige Reize der einfache Fall der direkten Proportionalität von Konzentration und Wirkung nicht die ausgezeichnete Stellung einnimmt, die ihm bei der Reizung durch das Licht oder die Schwerkraft zukommt.

Diese Fälle, die eine andere Gesetzmäßigkeit erkennen lassen, können wir in zwei Gruppen einteilen. In der einen handelt es sich um Fälle, in denen die Wirkung langsamer steigt als die Konzentration. Zu ihrem grundsätzlichen Verständnis ist keine weitere Vorstellung erforderlich als die, daß die Größe der Veränderung, die durch den chemischen Reiz gesetzt werden kann, einem oberen Grenzwert zustrebt, z. B. daß nur eine begrenzte Menge eines Stoffes vorhanden ist, dessen Umwandlung durch den chemischen Reiz beschleunigt wird, so daß auch bei beliebig großer Geschwindigkeit dieser Umwandlung die Menge der entstehenden Produkte begrenzt ist, und zwar begrenzt durch die Geschwindigkeit der Nachlieferung des fraglichen Stoffes.

Diese Vorstellung ist hinreichend, es darf aber nicht behauptet werden, daß sie allgemein zutreffend ist.

Ganz andere theoretische Schwierigkeiten bietet die zweite Gruppe der Fälle, die nicht der Reizmengenregel folgen. Für sie ist bezeichnend, daß die Wirkung stärker steigt als die Konzentration. Rein formal kann man sagen, die Wirkung steige mit einer Potenz der Konzentration, die größer als 1,0 ist, aber damit ist kein sachliches Verständnis dieses eigenartigen Verhaltens gewonnen (s. o.).

Der Erklärungsmöglichkeit dieser Fälle gilt die vorliegende Studie. Die Frage ist, ob und unter welchen besonderen Voraussetzungen ein solches Verhalten verstanden werden kann, wenn man an der Grundannahme festhält, daß die primäre Wirkung immer nur der Konzentration direkt proportional ist.

Das Modell.

Um zu einer theoretischen Vorstellung über die Vorgänge zu gelangen, die bei der Wirkung chemischer Reize in lebenden Systemen ablaufen, müssen wir uns ein Modell ersinnen, das die wesentlichen Züge des tatsächlichen Geschehens in vereinfachter, idealisierter Form wiedergibt.

Die erste Idealisierung, die eingeführt wird, bezieht sich auf die Gestalt des Organismus, an dem die chemische Reizung oder die Vergiftung vorgenommen wird. An die Stelle der höchst verschieden gestalteten Organismen setzen wir eine ebene Platte von unendlicher Ausdehnung in Länge und Breite. Durch beide Oberflächen möge der Stoff, der im Innern wirken soll, eintreten und sich durch Diffusion im Innern verteilen. Die Dicke, die wir der Platte geben, ist — wie sich zeigen wird — unwesentlich, von ihr hängt nur der Zeitmaßstab ab, in dem die Vorgänge gemessen werden. Es soll zunächst eine Platte von der Dicke 10^{-2} cm gewählt werden. Alle Größen sind dementsprechend im CGS-System auszudrücken.

Das Problem ist hierdurch auch insofern vereinfacht, als es in ein symmetrisches Problem umgewandelt ist. In bezug auf die Mittelebene der Platte besteht Symmetrie, und die Lösung, die wir finden, kann auch auf den Fall übertragen werden, daß die eine Seite der Platte völlig undurchlässig für den betrachteten Stoff ist, nur muß man dann die Mittelebene als diese undurchlässige Wand betrachten.

Denken wir uns also das lebende System in Gestalt einer ebenen Platte von der Dicke b und unendlicher Ausdehnung in Länge und Breite. Der Stoff A, dessen Eindringen verfolgt werden soll, bespüle die Platte beiderseits und habe an ihrer Außenfläche stets die konstante Konzentration C. Sobald er ins Innere der Platte eindringt, erleide er teilweise eine chemische Umwandlung in den Stoff R.

Es soll angegeben werden, wie groß die Konzentration K ist, die der Stoff A an jeder Stelle der Platte nach bestimmter Zeit erreicht, sowie ferner, wie groß die Konzentration K' ist, die der durch die Umwandlung von A entstehende Stoff R an jeder Stelle der Platte zu jeder Zeit hat.

Die analytische Behandlung dieser Aufgabe hat Herr E. TREFFTZ[1]) (Dresden) auf meine Bitte hin durchgeführt und berichtet über seine Lösung in dem mathematischen Anhang.

---

[1]) Herrn Kollegen TREFFTZ danke ich auch an dieser Stelle herzlich für die Hilfe, die er meinen theoretischen Studien durch seine Untersuchung hat zuteil werden lassen.

Um die aufgeworfenen Fragen zu beantworten, benutzen wir die Gleichungen (27) und (37) des mathematischen Anhanges, und zwar als Näherungsformeln, indem wir nur das erste Glied der unendlichen Reihe verwenden.

Nach Gleichung (27) ist:

$$k = \frac{h \cdot \mathfrak{Cof}\,\psi\,\xi}{\psi\,\mathfrak{Sin}\,\psi + h\,\mathfrak{Cof}\,\psi} - 2h \cdot e^{-\psi^2 \tau} \qquad \frac{\cos\varkappa}{\lambda\left(1+\frac{\sin 2\varkappa}{2\varkappa}\right)} \cdot e^{-\varkappa^{2\tau}} \cdot \cos\varkappa\,\xi \qquad (1)$$

nach Gleichung (37) ist:

$$k' = B\left\{1 - \frac{h'\,\mathfrak{Cof}\,\psi\,\xi}{\psi\,\mathfrak{Sin}\,\psi + h'\,\mathfrak{Cof}\,\psi} - 4\,\psi^2 \frac{\sin\varkappa' \cdot \cos\varkappa'\xi \cdot e^{-\lambda'\tau}}{(2\varkappa' + \sin 2\varkappa')\,(\psi^2 + \varkappa'^2)}\right\} \qquad (2)$$

Die Größe B ist definiert durch den Ausdruck:

$$B = \frac{1}{\delta} \cdot \frac{h}{h'} \cdot \frac{\psi\,\mathfrak{Sin}\,\psi + h'\,\mathfrak{Cof}\,\psi}{\psi\,\mathfrak{Sin}\,\psi + h\,\mathfrak{Cof}\,\psi}; \quad \delta = \frac{D'}{D}.$$

In diesen Gleichungen kommen außer der absoluten Größe der Organismen, die durch b gemessen wird, und dem Ort der Reizung, der durch ξ bestimmt ist, noch fünf weitere Konstanten vor, von denen die Größe der Konzentrationen K und K' abhängen. Diese Konstanten sind:

1 und 2: Die beiden Invasions- (bzw. Evasions-) koeffizienten H und H', die die Geschwindigkeit messen, mit der der Stoff A in die Platte eintritt (H) und der Stoff R aus ihr austritt (H').

3 und 4: Die beiden Diffusionskonstanten D und D', die die Geschwindigkeit der Diffusion in der Substanz der Platte für die Stoffe A und R messen.

5: Die Reaktionskonstante χ, die die Geschwindigkeit mißt, mit der Stoff A in den Stoff R umgewandelt wird.

Wie aus den Ableitungen von TREFFTZ hervorgeht (s. S. 37), gilt die Gleichung für k streng, die für k' aber nur für den Fall, daß D' klein gegen D ist. In den Gleichungen kommen die Größen b, H, H', D, D' und χ nicht selbst vor, sondern Funktionen von ihnen, die die Eigenschaft haben, dimensionslose Größen zu sein. Hierdurch erhält die Lösung eine außerordentlich elegante und übersichtliche Form.

So tritt an die Stelle von H der Ausdruck $\frac{2D}{b} \cdot h$. Das bedeutet, daß die Größe des Invasionskoeffizienten in Beziehung zur Geschwindigkeit der Diffusion (D) und der Dicke der Platte (b) gesetzt wird.

Für die Reaktionskonstante χ tritt der Ausdruck $\chi = \frac{4D}{b^2} \cdot \psi^2$ ein,

d. h. auch diese Größe wird im Verhältnis zur Geschwindigkeit der Diffusion und zur Dicke der Platte ausgedrückt.

Die Konzentration im Innern der Platte (K) wird ins Verhältnis gesetzt zu der Außenkonzentration C durch Einführung des Ausdrucks $K = k \cdot C$.

Die Zeit t wird ausgedrückt im Verhältnis zur Geschwindigkeit der Diffusion und zur Dicke der Platte, indem $t = \frac{b^2}{4D} \cdot \tau$ gesetzt wird. Endlich wird auch die Lage des Punktes, an dem die Konzentration k herrscht, in Teilen der Plattendicke ausgedrückt: $x = \frac{b}{2}\xi$, wobei $\xi = 0$ die Mittelebene der Platte bedeutet, $\xi = 1$ den Rand.

Die tatsächliche Durchführung einer Rechnung an diesem Modell wird sogleich seine Bedeutung zeigen.

Das System sei gekennzeichnet durch die im C-G-S-System gemessenen Konstanten:

$$D = 10^{-6},\ D' = 10^{-7}$$
$$H = 10^{-4},\ H' = 10^{-4}$$
$$\chi = 4 \cdot 10^{-1}$$

b ist — wie oben gesagt — zunächst immer $b = 10^{-2}$. Die dimensionslosen Größen, die in den Gleichungen vorkommen, sind:

$$h = 0{,}5;\ \varkappa = 0{,}65;\ \varkappa^2 = 0{,}42$$
$$h' = 5{,}0;\ \varkappa' = 1{,}32;\ \varkappa'^2 = 1{,}75$$
$$\psi = 3{,}16;\ \psi^2 = 10;\ \lambda = 10{,}42;\ \tau = 0{,}04\,t$$
$$\delta = 0{,}1;\ \lambda' = 0{,}175.$$

Es soll angegeben werden:

1. wie groß die Konzentration K des hineindiffundierenden Stoffes A nach unendlich langer Zeit an den verschiedenen Stellen der Platte ist.

Diese Frage wird beantwortet durch die Gleichung für k, welche für unseren Fall (da $t = \infty$) lautet: $k = 0{,}0117 \cdot \mathrm{Cof}\ 3{,}16\,\xi$.

Wird ξ nacheinander $= 1{,}0;\ 0{,}9;$ usw... $0{,}1;\ 0{,}0;$ gesetzt, so erhält man die Konzentrationen vom Rande bis zur Mittelebene für Schritte von je $1/10$ der halben Plattendicke, ausgedrückt in Bruchteilen der Konzentration C, die außerhalb der Platte herrscht.

Diese Konzentrationen sind aus Tabelle 1 zu ersehen.

2. Wie groß ist die Konzentration K' des Stoffes R, der aus dem Umsatz des Stoffes A entsteht, zu beliebiger Zeit (t) an jedem Punkte der Platte (ξ).

Diese Frage beantwortet die Gleichung:

$$k' = 2{,}22 \left\{ 1 - 0{,}0527\, \mathrm{Cof}\ 3{,}16\,\xi - 0{,}986 \cdot \cos 1{,}32\,\xi \cdot e^{-0{,}007} \right\}$$

hier ist t in Sekunden gemessen. Werden für ξ wiederum die Werte von 1,0 bis 0,0 von Zehnteln zu Zehnteln fortschreitend eingesetzt, so erhält man elf Gleichungen, deren jede die zeitliche Änderung der Konzentration für einen Punkt beschreibt.

Tabelle 1.

$\xi = 1{,}0$	$k = 0{,}137$
0,9	0,101
0,8	0,074
0,7	0,054
0,6	0,040
0,5	0,030
0,4	0,022
0,3	0,0174
0,2	0,0134
0,1	0,0122
0,0	0,0117

Tabelle 2 gibt die Auswertung dieser Gleichung für die elf Punkte und eine genügende Zahl von Zeitmomenten, so daß durch lineare

Tabelle 2.

$$k' = 2{,}22\,[1 - 0{,}0527\,\mathfrak{Cof}\,3{,}16\,\xi - 0{,}986 \cdot \cos 1{,}32\,\xi \cdot e^{-0{,}007\,t}]$$

$t =$	$\xi =$ 1,0	$\xi =$ 0,9	$\xi =$ 0,8	$\xi =$ 0,7	$\xi =$ 0,6	$\xi =$ 0,5	$\xi =$ 0,4	$\xi =$ 0,3	$\xi =$ 0,2	$\xi =$ 0,1	$\xi =$ 0,0
0	0,276	0,394	0.376	0,373	0,291	0,202	0,111	0,022	—	—	—
1,0	0,317	0,398	0,383	0,383	0,302	0,213	0,124	0,040	—	—	—
2,0	0,322	0,402	0,392	0,391	0,316	0,227	0,138	0,051	0,000	—	—
5,0	0,332	0,421	0,411	0,418	0,343	0,267	0,178	0,093	0,044	0,009	—
10,0	0,351	0,447	0,447	0.464	0,396	0,322	0,240	0,160	0,111	0,078	0,058
15,0	0,368	0,473	0,480	0,508	0,447	0,374	0,300	0,227	0,182	0,144	0,135
20,0	0,387	0,505	0,515	0,530	0,493	0,432	0,358	0,289	0,248	0,220	0,203
30,0	0,418	0,547	0,575	0,624	0,580	0,529	0,469	0,405	0,363	0,344	0,327
40,0	0,448	0,593	0,638	0,694	0,665	0,622	0,578	0,517	0,486	0,465	0,448
60,0	0,503	0,670	0,740	0,835	0,820	0,797	0,760	0,714	0,697	0,681	0,669
100,0	0,590	0,800	0,912	1,035	1,060	1,070	1,055	1,044	1,029	1,018	1,010
150	0,668	0,926	1,070	1.230	1,285	1,325	1,345	1,349	1,340	1,340	1,340
200	0,725	1,005	1,180	1,365	1,450	1,500	1,540	1,550	1,550	1,570	1,570
300	0,794	1,100	1,320	1,525	1,640	1,720	1,765	1,805	1,830	1,835	1,840
500	0.845	1,210	1,440	1,680	1,820	1,920	1,990	2,040	2,060	2,100	2,110
∞	0,860	1,215	1,445	1,685	1,825	1,925	2,010	2,045	2,065	2,605	2,115

Interpolation die Konzentration k' für jeden Punkt und jede Zeit angegeben werden kann. Die Zahlen werden durch eine bildliche Darstellung übersichtlicher, wie sie in Fig. 2 gegeben ist.

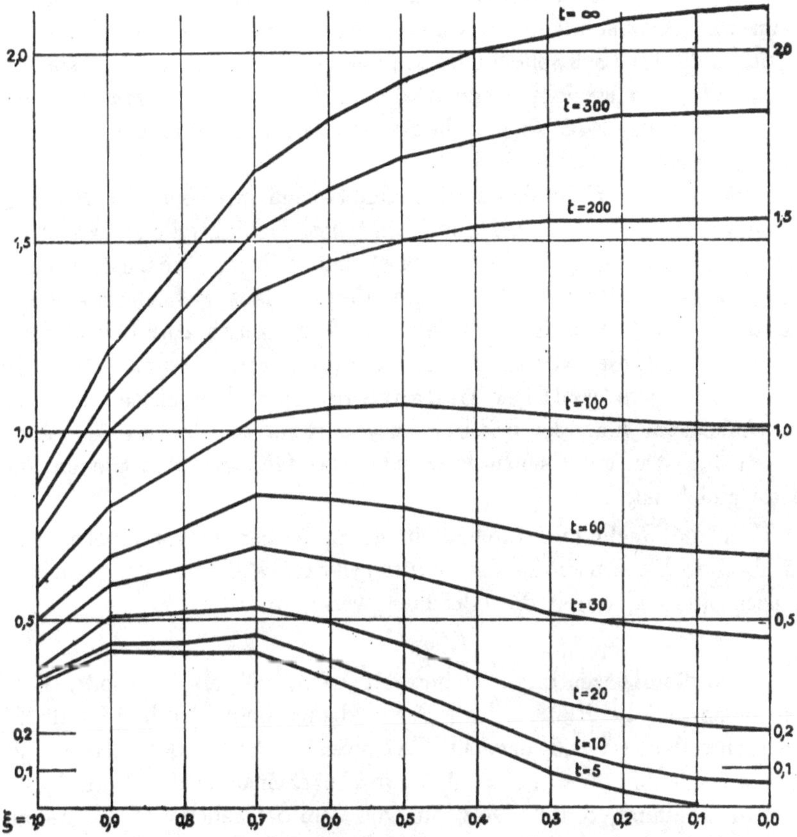

Fig. 2. Konzentration k' des Stoffes R im Inneren der Platte.
$\xi = 1{,}0$ ist die Oberfläche der Platte.
$\xi = 0{,}0$ ist die Mittelebene der Platte.
Ordinate: Größe von k'.
t = Zeit. Weitere Erklärung im Text.

Folgerungen.

Durch diese Berechnungen haben wir die Grundlage zur Beantwortung der Frage gewonnen, nach welcher Zeit eine bestimmte Reizwirkung oder Giftwirkung an dem Organismus auftritt, der durch die Platte schematisch dargestellt wird. Eine solche Wirkung tritt ein, sobald eine bestimmte Konzentration des wirksamen Stoffes erreicht ist. Der wirksame Stoff ist in unserem Beispiel der Stoff R, der durch die

Umwandlung des Stoffes A entsteht. Die höchste Konzentration k', die dieser Stoff nach unendlich langer Zeit in der Mittelebene der Platte ($\xi = 0{,}0$) erreicht, ist $k' = 2{,}113$, d. h. diese Konzentration ist 2,113 mal so groß als die Konzentration des Stoffes A außerhalb der Platte. Wenn wir die absolute Konzentration K, bei der eben eine Wirkung eintritt, mit 1,0 (Schwellenkonzentration) bezeichnen, so wird sie für $t = \infty$ und $\xi = 0$ erreicht, wenn $C = 0{,}473$ (1 : 2,115) ist. Hat C einen höheren Wert als 0,473, so wird die Schwellenkonzentration nach kürzerer Zeit erreicht.

Das ist aber nicht der einzige Unterschied zwischen der Reizung mit einer Konzentration, die gerade gestattet, die Schwelle zu erreichen, und einer Reizung (oder Vergiftung) mit höheren Konzentrationen. Die Tabelle 2 (oder noch besser die Figur 2) läßt vielmehr leicht erkennen, daß sich nicht nur die Zeit, sondern auch der Ort ändert, an dem zuerst die wirksame Konzentration erreicht wird. Dieser Punkt ist von größter Bedeutung. Wir betrachten zunächst den einfachsten Fall, der dadurch ausgezeichnet ist, daß die Empfindlichkeit für den chemischen Reiz oder das Gift an allen Stellen der Platte gleich ist.

Um die Rechnung durchzuführen, muß man sich erinnern, daß die absolute Konzentration des wirksamen Stoffes K' mit der relativen Konzentration k' durch die Gleichung verknüpft ist:

$$K' = k' \cdot C$$

Je höher die Konzentration C gewählt wird, die als Reiz oder Gift von außen auf die Platte wirkt, desto kleiner muß k' sein, damit K' den Schwellenwert 1,0 erreicht. An welcher Stelle der Platte und nach welcher Zeit $K' = 1{,}0$ wird, wenn C nacheinander die Werte 0,473 bis 2,37 annimmt, d. h. Werte, die von dem Schwellenwert des Reizes (oder Giftes) bis zu dessen fünffachem Betrage ansteigen, zeigt die Tabelle 3.

Die Rechnung ist derart durchgeführt, daß zwischen den Zahlenwerten der Tabelle 2 linear interpoliert wurde, und zwar nur für die Punkte $\xi = 0{,}0$; 0,1 usw. Eine genauere Berechnung der Stelle, an der die Schwellenkonzentration zuerst erreicht wird, erschien überflüssig.

Wir sehen aus Tabelle 3, daß bei ganz niederer Konzentration des Giftes (oder chemischen Reizes) die Wirkung von der Mittelebene der Platte aus beginnt ($\xi = 0{,}0$). Für Konzentrationen, die das 1,2- bis 1,5 fache der Schwellenkonzentration betragen, tritt die Wirkung zuerst bei $\xi = 0{,}1$ ein. Der Punkt, an dem die Wirkung ausgelöst wird, wandert dann rasch nach $\xi = 0{,}4$ (für 1,6- bis 1,8 fachen Schwellen-

Tabelle 3.

C' bedeutet die Konzentration des Reizstoffes oder Giftes, ausgedrückt in Vielfachen der Schwellenkonzentration, C die absolute Konzentration des Reizstoffes oder Giftes außerhalb des reizbaren Systems.

K' ist die absolute Konzentration des wirksamen Stoffes, k' die relative Konzentration.

Die Schwelle der Wirkung wird erreicht, wenn $K' = 1{,}0$ ist.

Die drei Größen K', k' und C sind verknüpft durch die Gleichung $K' = k' . C$.

C' ist $= 2{,}115 \cdot C$; ξ bedeutet die Stelle der Reiz- oder Giftwirkung, ausgedrückt in Bruchteilen der Dicke der Platte. $\xi = 0{,}0$ ist die Mittelebene der Platte, $\xi = 1{,}0$ die äußere Grenzebene. t ist die Zeit.

C'	k'	ξ	t	$C' \cdot t$
1,00	2,115	0,0	∞	∞
1,01	2,093	0,0	800	808
1,05	2,020	0,0	470	494
1,10	1,930	0,0	375	412
1,2	1,760	0,1	273	327
1,3	1,630	0,1	225	293
1,4	1,510	0,1	191	269
1,5	1,410	0,1	167	250
1,6	1,320	0,4	145	232
1,7	1,245	0,4	133	226
1,8	1,180	0,4	122	220
1,9	1,110	0,5	108	205
2,0	1,057	0,6	99	198
2,1	1,040	0,6	90	191
2,2	0,960	0,6	81	180
2,5	0,845	0,7	62	156
3,0	0,705	0,7	41	123
3,5	0,601	0,7	27,5	96,1
4,0	0,530	0,7	17,0	76,0
4,5	0,470	0,7	10,7	48,0
5,0	0,423	0,7	5,5	27,5

wert), erreicht bei 1,9fachem Schwellenwert die Stelle $\xi = 0{,}5$, also die Mitte zwischen Mittelebene und Rand, liegt für 2,0- bis 2,2fache Schwellenkonzentration bei $\xi = 0{,}6$ und für die höheren Konzentrationen bei $\xi = 0{,}7$.

Wäre die Lösung, die wir für k' angegeben haben, streng, so würde bei noch höheren Konzentrationen der Punkt, an dem die Wirkung eintritt, bis zum Rande ($\xi = 1{,}0$) wandern; da wir aber nur eine genäherte Lösung für k' haben, die bereits eine stationäre Verteilung des Stoffes A voraussetzt, so werden unsere Resultate um so fehlerhafter, je kürzer die Zeiten werden.

Betrachten wir jetzt das Resultat in bezug auf die Wirkungszeit, so sehen wir gerade das Verhältnis, das die Beobachtung lehrt: die Zeiten gleicher Wirkung (nämlich der eben merklichen Reizung oder Giftwirkung) nehmen in viel rascherem Verhältnis ab, als die Konzentrationen wachsen, das Produkt aus Konzentration und Wirkungszeit ist nicht konstant, sondern wird immer kleiner, je höher die Konzentration ist.

Bezeichnen wir den reziproken Wert der Wirkungszeit als die „Giftigkeit", so ergibt sich, daß die Giftigkeit viel rascher wächst als die Konzentration, ja selbst wenn man – wie H. H. MEYER und OSTWALD es als berechtigt ansehen – die Schwellenkonzentration subtrahiert und nur das Verhältnis der Differenzen: Gesamtkonzentration minus Schwellenkonzentration betrachtet, so steigt die Giftigkeit noch rascher als diese Differenz. So tritt z. B. die Wirkung bei der doppelten Schwellenkonzentration nach 99 Zeiteinheiten ein, bei der vierfachen nach 17. Diese Konzentrationen, vermindert um die Schwellenkonzentration, stehen im Verhältnis 1 : 3, die Wirkungszeiten im Verhältnis 5,824 : 1.

Die Durchrechnung dieses einfachen und typischen schematischen Falles liefert also ein wichtiges Ergebnis: Die höchst merkwürdige, einer Erklärung dringend bedürftige Tatsache, daß die „Giftigkeit" häufig viel stärker steigt als die Konzentration, erfordert nicht die Annahme einer zunehmenden Empfindlichkeit der Zelle oder ihres unbeeinflußten Anteils durch das eindringende Gift, sondern läßt sich aus der einfachen Grundannahme herleiten, daß die Wirkung immer nur der Konzentration proportional ist.

Diese Feststellung soll durchaus keine Ablehnung der Vorstellung sein, daß bei vielen Giftwirkungen die Adsorption eine Rolle spielt. In dem Gesetz der Schwelle kann diese Rolle gar nicht erkennbar werden, wie die folgende Überlegung zeigt. Unser Ansatz lautet: Die Wirkung tritt ein, wenn die Konzentration des wirksamen Stoffes an einer bestimmten Stelle einen bestimmten Grenzwert erreicht hat. Eine spezialisierte Vorstellung über die Vorgänge, die sich von dem Augenblick an abspielen, wo diese Bedingung erfüllt ist, bis zu dem Sichtbarwerden der Wirkung, geht in diese Überlegung überhaupt nicht ein. Es kann sein, daß der wirksame Stoff adsorbiert werden muß und erst in dieser Form die Vorgänge einleitet, die zum sichtbaren Erfolge führen, trotzdem bleibt es Bedingung für die Wirkung, daß an dem Adsorptionsort eine bestimmte Konzentration erreicht sein muß. Daß diese Konzentration nicht identisch mit der Konzentration der Adsorptionsverbindung ist, hat mit der Form des Gesetzes der Schwelle gar nichts zu tun.

Ganz unberechtigt aber ist es grundsätzlich, bei Betrachtung der Giftwirkungen oder chemischen Reizwirkungen die Schwellenkonzentration in Abzug zu bringen und nun eine Gesetzmäßigkeit zwischen dem Überschuß über den Schwellenwert und der Wirkung zu konstruieren. Das würde nur angängig sein, wenn die unterschwelligen Konzentrationen überhaupt wirkungslos wären. Eine solche Annahme wird aber keine rationelle Theorie dieser Vorgänge machen können, sie wird vielmehr immer von der Vorstellung ausgehen müssen, daß die primären Wirkungen, die ein Stoff auszuüben vermag, schon bei beliebig kleinen Konzentrationen eintreten und daß sich in bezug auf diese primären Wirkungen die verschiedenen unter- und überschwelligen Konzentrationen nur quantitativ unterscheiden. Die Bedeutung der Schwelle als eines Unstetigkeitspunktes liegt nur darin, daß bei einer bestimmten Größe der primären Wirkung ein Vorgang einsetzt, der Auslösungscharakter hat, für dessen Natur dementsprechend nicht der Reiz, sondern die Eigenart — um mit JOHANNES MÜLLER zu reden: die spezifische Energie — des gereizten oder vergifteten Systems entscheidend ist.

Den Schwellenwert des Giftes von der jeweiligen Konzentration subtrahieren heißt jener Konzentration des Giftes, die eben nicht mehr wirksam wird, aber theoretisch nach unendlich langer Zeit gerade noch die Wirkung ausüben würde, den Wert Null beilegen. Sinngemäß muß aber dieser Konzentration der Wert der Einheit beigelegt werden, wie es in Tabelle 2 geschehen ist, denn sie bedeutet doch die geringste Konzentration, die wirksam werden kann, wenn auch erst nach unendlich langer Zeit. Eine Konzentration, die um einen unendlich kleinen Betrag höher ist, übt die Wirkung bereits nach endlicher Zeit aus.

Vereinfachungen.

In der Gleichung, die die Höhe der Konzentration des Stoffes R mißt, kommen außer der Lineardimension (b) und dem Reizort ξ noch fünf weitere Konstanten vor.

Daß sie zu einer rationellen Beschreibung des Vorganges unentbehrlich sind, geht aus der Ableitung klar hervor. Solange es aber nicht gelingt, die Größe dieser Konstanten einzeln zu bestimmen, wird die Anwendung der Gleichung auf einen bestimmten beobachteten Fall durch die große Zahl der Konstanten wenig nützlich erscheinen, da diese ja dann rechnungsmäßig wie willkürliche Konstanten erscheinen.

Eine nähere Betrachtung zeigt, daß es Grenzfälle gibt, die so beschaffen sind, daß sich die Zahl der Konstanten verringern läßt, ohne daß dadurch die Gleichung ihren Charakter als rationelle Formel des zu beschreibenden Vorganges verlöre.

Wir betrachten zunächst den Grenzfall, der dadurch ausgezeichnet ist, daß die Invasionskonstante H und ebenso die Evasionskonstante H' groß im Verhältnis zu den Diffusionskonstanten ist. Ist das der Fall, so spielt für die Verteilung der Stoffe im Innern der Platte die Größe dieser Konstanten keine Rolle. Die Verteilung wird dann vielmehr ausschließlich durch das Verhältnis der Diffusionskonstanten zu Reaktionskonstanten bestimmt, die Invasion oder Evasion wird nicht „begrenzender Faktor“.

Die Größen H und H' kommen nicht selber in den Gleichungen vor, sondern nur die Ausdrücke h und h' sowie $\varkappa$ und $\varkappa'$. Ist H groß gegen D und H' groß gegen D', so werden h und h' groß. Die Größen $\varkappa$ und $\varkappa'$ sind durch die Gleichungen $\varkappa \cdot tg\varkappa = h$ und $\varkappa' \cdot tg\varkappa' = h'$ mit den Größen h und h' verbunden. Werden h und h' große Zahlen, etwa gleich oder > 20, so kann $\varkappa = \frac{\pi}{2}$ gesetzt werden, d. h. gleich dem Wert gegen den die Gleichung für $h = \infty$ konvergiert.

Die Gleichungen für k und k' vereinfachen sich dann in folgender Weise:

aus der Gleichung

$$k = \frac{h \cdot \mathfrak{Cof}\, \psi \xi}{\psi\, \mathfrak{Sin}\, \psi + h\, \mathfrak{Cof}\, \psi} - 4h \frac{\cos \varkappa \cdot \cos \varkappa \xi}{\lambda \left(2 + \frac{\sin 2\varkappa}{\varkappa}\right)} \cdot e^{-\lambda \tau}$$

in der $\lambda = \psi^2 + \varkappa^2$ ist, wird, wenn wir $\varkappa = \frac{\pi}{2}$ setzen:

$$k = \frac{h \cdot \mathfrak{Cof}\, \psi \xi}{\psi\, \mathfrak{Sin}\, \psi + h\, \mathfrak{Cof}\, \psi} - \frac{2 \cos \frac{\pi}{2} \xi}{\psi^2 + \frac{\pi^2}{4}} \cdot e^{-\left(\psi^2 + \frac{\pi^2}{4}\right) \cdot \tau}$$

aus der Gleichung

$$k' = B \left\{ 1 - \frac{h'\, \mathfrak{Cof}\, \psi \xi}{\psi\, \mathfrak{Sin}\, \psi + h'\, \mathfrak{Cof}\, \psi} - 4\psi^2 \frac{\sin \varkappa' \cdot e^{-\lambda' \tau} \cdot \cos \varkappa' \xi}{(\psi^2 + \varkappa'^2)\,(2\varkappa' + \sin 2\varkappa')} \right\}$$

in der $B = \frac{1}{\delta} \cdot \frac{h}{h'} \frac{\psi\, \mathfrak{Sin}\, \psi + h'\, \mathfrak{Cof}\, \psi}{\psi\, \mathfrak{Sin}\, \psi + h\, \mathfrak{Cof}\, \psi}$ ist und $\lambda' = \delta \cdot \varkappa'^2$ wird, wenn wir $\varkappa' = \frac{\pi}{2}$ setzen

$$k' = \frac{\psi\, \mathfrak{Sin}\, \psi + h'\, \mathfrak{Cof}\, \psi}{\psi\, \mathfrak{Sin}\, \psi + h\, \mathfrak{Cof}\, \psi} \left\{ 1 - \frac{h'\, \mathfrak{Cof}\, \psi \xi}{\psi\, \mathfrak{Sin}\, \psi + h'\, \mathfrak{Cof}\, \psi} - \frac{4\psi^2 \cdot \cos \frac{\pi}{2} \xi}{\pi \left(\psi^2 + \frac{\pi^2}{4}\right)} \cdot e^{-\delta \frac{\pi^2}{4} \cdot \tau} \right\}$$

Bei der Vereinfachung der Gleichung ist zu beachten, daß $\frac{D'}{D} = \delta$ stets ein echter Bruch sein muß, und daß, wenn H und H' einander gleich gesetzt werden, was bei großen Werten auf alle Fälle zulässig ist, $\frac{h}{h'} = \frac{D'}{D}$ ist.

Der zweite Grenzfall, der auf vereinfachte Formeln führt, ist gegeben, wenn umgekehrt zu dem ersten, gerade die Invasion oder Evasion der begrenzende Faktor des ganzen Vorganges ist, d. h. wenn H und H' und damit auch h und h' sehr kleine Werte annehmen.

Für kleine Werte von h und h' werden die Größen $\varkappa$ und $\varkappa'$ gleich den Wurzeln aus h und h', also $\varkappa = \sqrt{h}$ und $\varkappa' = \sqrt{h'}$. Zu beachten ist ferner, daß für kleine Werte von $\varkappa$ und $\varkappa'$ der sin gleich dem Winkel und der cos gleich der Einheit zu setzen ist.

Die derart vereinfachten Gleichungen sind dann:

$$k = \frac{h \cdot \mathfrak{Cos}\,\psi\,\xi}{\psi\,\mathfrak{Sin}\,\psi + h \cdot \mathfrak{Cos}\,\psi} - \frac{h}{\psi^2 + h} \cdot e^{-(\psi^2 + h)\tau}$$

und

$$k' = B\left\{1 - \frac{h'\,\mathfrak{Cos}\,\psi\,\xi}{\psi\,\mathfrak{Sin}\,\psi + h'\,\mathfrak{Cos}\,\psi} - \frac{e^{-\delta \cdot h' \cdot \tau}}{\psi^2 + h'}\right\}$$

wenn B, wie oben, bedeutet:

$$B = \frac{1}{\delta} \cdot \frac{h}{h'} \cdot \frac{\psi\,\mathfrak{Sin}\,\psi + h'\,\mathfrak{Cos}\,\psi}{\psi\,\mathfrak{Sin}\,\psi + h\,\mathfrak{Cos}\,\psi}$$

Noch eine weitere Vereinfachung des Modells ist möglich: man kann die Konstante der chemischen Reaktion gleich Null werden lassen, Dann muß man aber die Substanz, die von außen eindringt, als unmittelbar wirksam betrachten, denn ein Stoff R entsteht ja unter diesen Umständen nicht, k' ist dann auch Null.

Die Gleichung für k lautet, wenn $\psi = 0$ ist:

$$k = 1 - \frac{4\,h \cos\varkappa \cdot \cos\varkappa\,\xi}{\varkappa\,(2\,\varkappa + \sin 2\,\varkappa)} \cdot e^{-\varkappa^2 \tau}$$

Ist die Invasion rasch gegenüber der Diffusion, d. h. ist h groß, so geht die Gleichung über in die Form

$$k = 1 - 0{,}81 \cdot \cos\frac{\pi}{2}\xi \cdot e^{-\frac{\pi^2}{4} \cdot \tau}$$

Ist dagegen die Invasion langsam gegenüber der Diffusion, d. h. ist h klein, so nimmt die Gleichung für k näherungsweise die Gestalt an

$$k = 1 - \cos\sqrt{h} \cdot \cos\sqrt{h}\,\xi \cdot e^{-h\tau}$$

Auch die vereinfachten Gleichungen enthalten noch 3 bis 5 Parameter, die rechnerisch als willkürliche Konstanten wirken, solange sie nicht durch direkte Bestimmungen festgelegt sind. Es ist daher nutzlos, sie auf die beobachteten Fälle anzuwenden und etwa zu zeigen, daß sie ebensogut wie die Ostwaldsche oder eine ähnliche Interpolationsformel geeignet sind, die Beobachtungen darzustellen. Das Resultat der theoretischen Betrachtung ist also in dieser praktischen Hinsicht zur Zeit wenig befriedigend. Immerhin zeigt es den Weg, auf dem eine rationelle Theorie der chemischen Reizwirkungen und Giftwirkungen gewonnen werden kann.

Die Annahme, daß aus dem Stoff A, der als chemischer Reiz oder Gift in das lebende System eindringt, ein Stoff R wird, von dessen Konzentration die Wirkung abhängt, stellt zwar einen typischen Fall dar, insofern sie den Stoff in das Getriebe der Stoffwechselvorgänge eintreten läßt, aber sie ist noch zu speziell.

Die allgemeine Annahme, die erst eine feste Verknüpfung der Theorie der chemischen Reizung mit der allgemeinen Theorie der Reizwirkungen herstellt, muß dahin gehen, daß der eindringende Stoff dadurch wirkt, daß er die Reaktionskonstanten ändert, von deren Größe die Geschwindigkeit abhängt, mit der im intermediären Umsatz Stoffwechselprodukte entstehen. Die Reizwirkung oder Giftwirkung beruht dann auf der Veränderung der Konzentration von Stoffwechselprodukten. Die Wirkung des eindringenden Stoffes braucht sich nicht auf eine Veränderung der Reaktionskonstanten zu beschränken, sie kann auch die Bedingungen der Invasion, Evasion oder Diffusion verändern, wie das in allgemeiner Form a. a. O. dargelegt worden ist.[1])

Reizorte und Vergiftungsorte.

Die Theorie der Reizungen hat für den grundsätzlich einfach liegenden Fall der Lichtreizung ergeben, daß das sogenannte Reizmengengesetz in der Nähe der Reizschwelle nicht mehr gilt, daß in diesem Bereich vielmehr eine verwickeltere, aber theoretisch völlig verständliche Abweichung von ihm besteht. Bei der Lichtreizung muß als bezeichnend gelten, daß die Veränderungen, die zur Erregung führen, vom Beginn der Reizung an sofort an allen Punkten des Reizraumes gleichzeitig und mit gleicher Stärke einsetzen.

Das Gegenstück hierzu bietet in gewissem Sinne die Reizung mit elektrischen Strömen. Sie erfolgt zunächst (d. h. bei Schwellenreizung)

---

[1]) Pflüg. Arch. Bd. 176, S. 39–69. 1919.

nur in unmittelbarer Nähe der Membran des Reizraumes, an der die Polarisationsprodukte angehäuft werden. Die Beziehung zwischen Reizstärke und Reizzeit ist dementsprechend ganz anders. Im einfachsten Fall ist näherungsweise der Ausdruck $J \cdot \sqrt{t} =$ constans (Nernst). In beiden Fällen, bei der Reizung durch Licht wie bei der Reizung durch Konzentrationsänderung der Ionen, entfalten schwache und starke Reize ihre Schwellenwirkung am gleichen Ort.

Demgegenüber lehren die vorstehenden Untersuchungen, daß bei der Wirkung chemischer Reize (und ebenso bei der Giftwirkung) eine neue Verwicklung hinzutritt, die darin besteht, daß die Schwelle bei Reizung mit schwachen Reizen an einer ganz anderen Stelle erreicht wird als bei Reizung mit starken Reizen. Diese Vorstellung der räumlichen Unterschiede bei der Wirkung verschieden starker Reize scheint mir von grundsätzlicher Bedeutung.

Man darf wohl sagen, daß die chemische Reizung den allgemeinsten Fall der Reizung darstellt und daß sie alle anderen Reizarten an Bedeutung übertrifft, denn die Einwirkungen, die die einzelnen Zellen oder, allgemeiner gesagt, die einzelnen reizbaren Systeme im Organismus aufeinander ausüben, können als chemische Reizwirkungen betrachtet werden.

Die Vorstellung von der Verschiedenheit der Reizorte bei verschiedenen Reizstärken führt unmittelbar auf eine wichtige Erweiterung der Bedingungen, die erfüllt sein müssen, damit eine Schwellenwirkung (Schwellenerregung oder Giftwirkung bestimmter Art) eintritt. Bisher haben wir stets festsetzen können: Sobald eine bestimmte Konzentration erreicht wird, tritt die Wirkung ein. Dieser Ansatz war so lange berechtigt, wie die Vorstellung berechtigt war, daß die Schwellenwirkung stets von dem gleichen Ort aus einsetzte. Dieser Ort war für den elektrischen Reiz die Schicht, die in beliebig kleiner Entfernung von der Membran liegt, an der die Polarisation erfolgt. Für den Lichtreiz war es jeder beliebige Punkt des Reizraumes, weil ja alle Punkte als gleichwertig betrachtet werden konnten.

Wenn nun aber der chemische Reiz je nach seiner Stärke bald an diesem, bald an jenem Ort zur Wirkung kommt, so fragt es sich, ob für alle diese Punkte die Schwelle gleich hoch liegt. Wir haben bisher die Annahme gleicher Empfindlichkeit für die ganze Strecke vom Rande bis zur Mittelebene der Platte gemacht. Das ist der einfachste Fall, aber es ist leicht einzusehen, daß er keine innere Notwendigkeit zum Ausdruck bringt. Wir wissen, daß, morphologisch betrachtet, die Zelle nicht homogen aufgebaut ist. Dementsprechend liegt die Annahme sehr nahe, daß auch ihre Empfindlichkeit gegen chemische Veränderungen Unterschiede der einzelnen Zellabschnitte zeigt. Denken wir uns z. B. in der Nähe der Mittelebene der Platte, durch die wir die Zelle darstellen, den Kern liegen, so kann die Annahme, daß hier eine andere Empfindlichkeit besteht als in den Teilen, die dem Rande näher liegen, als recht wahrscheinlich betrachtet werden. Denken wir uns ferner, daß viele Giftwirkungen (und Reizwirkungen) dort ihren Ausgang nehmen dürften, wo der wirksame Stoff adsorbiert wird, und betrachten wir — einer verbreiteten Anschauung folgend — die Granula als bevorzugte Orte der Adsorption, so kommen wir zu der Vorstellung von Reizorten oder Vergiftungsorten.

In bezug auf das Verhältnis der Reizstärke zur Wirkungszeit ergibt sich aus der Verschiedenheit des Wirkungsortes die Folgerung, daß in einem weiten Spielraum der angewandten Konzentrationen sich kein Abschnitt zu finden braucht, innerhalb dessen die Regelmäßigkeit des sogenannten Reizmengengesetzes zutrifft, das Produkt von Konzentration und Wirkungszeit vielmehr immer kleiner wird, je stärker die Konzentration die Schwellenkonzentration übertrifft.

Daß es in der Tat die Verschiedenheit der Vergiftungsorte (Reizorte) ist, die zur Folge hat, daß auch bei Konzentrationen, die die Schwellenkonzentration um das mehrfache übertreffen, das Reizmengengesetz für chemische Reize ungültig sein kann, zeigt eine einfache Durchrechnung des Beispielsfalles, den Gleichung (2) beschreibt, unter der Annahme, daß nur in der Mittelebene der Platte ($\xi = 0$) ein Vergiftungsort vorhanden sei. Aus Gleichung (2) ergibt sich dann als Bedingung für diesen Fall:

$$k' = 2{,}1 - 2{,}2\, e^{-0{,}007\, t}$$

Für die Konzentrationen, die zwischen der Schwelle ($C = 0{,}473$) und dem 1,9fachen Wert der Schwelle liegen, verhalten sich beide Fälle so gut wie gleich (s. Tabelle 4), für höhere Konzentrationen aber zeigen sich bedeutende Unterschiede, wie die folgende Tabelle 4 zeigt. Ist nur ein Reizort vorhanden, so gilt für die Konzentrationen, die 2- bis 2,5mal und mehr die Schwellenkonzentration übertreffen, die Reizmengenregel, d. h. das Produkt von Konzentration und Wirkungszeit ist merklich konstant. Sind dagegen mehrere Reizorte gleicher Empfindlichkeit über die ganze Dicke der Platte verteilt, so verkürzen sich die Wirkungszeiten auch bei bedeutend überschwelligen Konzentrationen stärker, als der Zunahme der Konzentration entspricht.

Tabelle 4.

Konzentration $C =$	Reizort wandernd $t =$	$C \cdot t =$	Reizort bei $\xi = 0$ $t =$	$C \cdot t =$
0,473	∞	∞	∞	∞
0,71	167	118	167	118
0,805	133	107	134	107,5
0,90	108	97,1	114	102,5
0,946	99	93,7	106	101,0
1,185	62	73,5	80	95,0
1,42	41	58,1	65	92,1
1,66	27,5	45,6	55	91,5
1,89	17,0	32,2	48,6	92,3
2,13	10,7	22,8	42,8	91,0
2,37	5,5	13,1	39,4	93,5

Die letzte gemeinsame Strecke.

Wenn in allen theoretischen Erwägungen über die Bedingungen der Schwellenreizung der Satz vorkommt: sobald die Konzentration der Erregungsstoffe (R-Stoffe) eine bestimmte Konzentration erreicht hat, tritt eine Erregung, tritt eine Reizbeantwortung ein, so liegt dem der Gedanke zugrunde, daß ein Auslösungsvorgang beginnt, sobald die genannte Bedingung erfüllt ist.

Der Zustand, der erreicht wird durch die verschiedensten Kombinationen von Reizen verschiedener Stärke und verschiedener Form die verschieden lange einwirken, ist immer der gleiche, und alles was erfolgt, sobald er erreicht ist, ist in allen Fällen das gleiche.

Das Geschehen, das sich bei sehr kurz dauernden starken und länger dauernden schwachen Reizen abspielt, ist nur bis zu dem Augenblick verschieden, in dem die Schwelle erreicht wird. In diesem Augenblick münden alle die verschiedenen Vorgänge in die „letzte gemeinsame Strecke“ des Auslösungsvorganges ein.

Diese Vorstellung ist für die Wirkung von elektrischen Reizen und Lichtreizen zunächst hinreichend. Aus den Betrachtungen der Eigenart chemischer Reize ergibt sich aber, daß sie hier einer Erweiterung bedürftig oder wenigstens fähig ist.

Da wir mit getrennten Reizorten rechnen müssen, liegt nicht nur die Möglichkeit vor, daß die Reizschwelle (Giftschwelle) für die verschiedenen Orte verschieden ist, sondern auch die weitere, daß die

Auslösungsvorgänge, die sich an die Erreichung der Schwellenkonzentration anschließen, ungleich sind. Diese Möglichkeit gewinnt in zwei Fällen besondere Bedeutung.

In der Lehre von den chemischen Reizwirkungen wird zu fragen sein, inwieweit die Lehre von der spezifischen Energie ausgedehnt werden kann, d. h. ob von einer Zelle immer nur ein Auslösungsvorgang einer Art erhalten werden kann oder ob deren mehrere möglich erscheinen.

In der Lehre von den Giftwirkungen wird die Frage behandelt werden müssen, ob die „Reizwirkungen kleiner Giftmengen“, d. h. die Steigerungen der Tätigkeit, die durch geringe Konzentrationen von Stoffen zu erzielen sind, die in etwas höherer Konzentration lähmend oder tötend wirken, an den gleichen Stellen lokalisiert zu denken sind, oder ob wir für die Wirkungen der geringen — fördernden — Konzentrationen Reizorte in der Nähe der Mittelebene annehmen dürfen, während die schädigend wirkenden Dosen an oberflächlicher gelegenen Orten angreifen.

Wie dem aber auch sein mag: wenn von verschiedenen Reizorten (oder Giftorten) aus die gleiche Wirkung erzielt werden kann, so muß es eine „letzte gemeinsame Strecke“ der physikalisch-chemischen Veränderungen geben. Es besteht aber die Möglichkeit, daß sich zwischen den Augenblick, an dem an einem bestimmten Reizort die Schwelle erreicht ist, und den Augenblick, in dem die Prozesse beginnen, die zur letzten gemeinsamen Strecke gehören, Vorgänge verschiedener Art einschieben, die dementsprechend auch verschiedene Zeit in Anspruch nehmen können.

Eine Theorie dieser möglichen Verschiedenheit ist heute noch nicht zu entwickeln. Es muß aber doch darauf hingewiesen werden, daß in bezug auf den äußerlich erkennbaren Erfolg, z. B. die Abtötung, nicht notwendig gleiche Zustände geschaffen sind, wenn an irgendeinem Reizort die Schwelle erreicht wird. Möge z. B. die letzte gemeinsame Strecke des Geschehens darin liegen, daß die Oberflächenschicht der Zelle zerstört wird, so liegt es nahe, anzunehmen, daß von dem Augenblick an, in dem die Bedingung für den Eintritt dieses Erfolges dadurch erfüllt ist, daß an irgendeinem Reizort die Schwellenkonzentration erreicht wird, recht verschiedene Zeiten vergehen, bis er merkbar wird. Gerade für die schwächsten Konzentrationen, die am weitesten von der Oberfläche entfernt ihre Wirkung zu entfalten beginnen, könnte zwischen dem Zeitpunkt, an dem die Schwelle erreicht wird, und dem, an dem die Wirkung auf die Oberfläche erkennbar wird, eine erheblich längere Zeit verlaufen, als sie bei stärkeren Reizen nötig ist, da diese näher der Oberfläche zu wirken beginnen. Es würden dann die Vergiftungszeiten bei schwachen Konzentrationen noch länger ausfallen, als aus der Theorie abzuleiten ist, d. h. die „Giftigkeit" würde mit abnehmender Konzentration noch rascher abnehmen, als unser Beispielsfall es erklärlich erscheinen läßt.

Es scheint mir ein Gesichtspunkt von allgemeiner Bedeutung zu sein, auf den diese Betrachtungen führen.

Je tiefer wir in das Getriebe der Lebensvorgänge analysierend eindringen, desto unabweisbarer wird die Forderung, daß die Theorie des Geschehens auf Struktureigenschaften grundsätzliche Rücksicht nehme. Es ist wohl kein Zufall, daß auf dem Gebiet, auf dem unsere Vorstellungen über die Verknüpfung der Einzelvorgänge im lebenden System neuerdings eine besondere Vertiefung erfahren haben, die Vorstellung der räumlichen Trennung dieser Einzelvorgänge sich als notwendig erwiesen hat. Ich meine die Trennung von Kontraktionsorten und Ermüdungs-(oder Erholungs-)orten im Muskel.

Die Vorstellung bestimmter Orte der Einzelvorgänge, die dort zur Erklärung der Beobachtungen nicht zu umgehen war, hat sich für uns rein aus der theoretischen Behandlung des Problems der Schwellenreizung mit chemischen Reizen oder Giften ergeben, und wir müssen die Vorstellung der räumlich getrennten Reizorte (Vergiftungsorte) als wesentlichen Punkt zur Erklärung des Problems ansehen, von dem wir ausgingen: der Wirkung, die viel rascher steigt als die Konzentration.

Ein Diffusionsproblem.

Wir stellen uns die folgende Aufgabe: In ein von zwei parallelen Wänden begrenztes Gebiet dringe von außen ein Stoff A, durch die Wände diffundierend, ein, der im Innern teilweise eine chemische Umwandlung in einen Stoff R erfahre. A sowohl als R verteilen sich durch Diffusion im Innern, außerdem diffundiert R noch durch die Wände nach außen zurück.

Zur rechnerischen Behandlung des ebengenannten Vorganges führen wir zunächst die erforderlichen Bezeichnungen ein. Da in allen Punkten der begrenzenden Ebenen gleiche Verhältnisse herrschen, dürfen wir annehmen, daß auch für die übrigen den Wänden parallelen Ebenen das gleiche gilt, d. h. daß in allen Punkten einer solchen Ebene gleiche Werte der Konzentrationen usw. herrschen. Die einzelnen Ebenen charakterisieren wir durch den Abstand x, den sie von der Mittelebene haben. b sei die Breite des Gebietes, $x = b/2$ ist also die rechte Wand, $x = -b/2$ die linke. C sei die unveränderliche Konzentration des Ausgangsstoffes außerhalb der Wände. K sei die veränderliche Konzentration von A innerhalb der Wände. K hängt von x und t ab ($t =$ Zeit), d. h. es ändert sich mit dem Abstande von der Wand und mit der Zeit. K' sei die Konzentration des Umwandlungsproduktes R zwischen den Wänden; außerhalb derselben sei sie null.

Den in irgendeinem gegebenen Zeitpunkt, also zu einem festen t-Wert genommenen partiellen Differentialquotienten $\partial K/\partial x$ nennen wir das Konzentrationsgefälle, weil er ein Maß für die Veränderlichkeit von K zwischen zwei benachbarten Punkten ist. Ist D die Diffusionskonstante von A, so geht der Diffusionsprozeß so vor sich, daß das Konzentrationsgefälle $\partial K/\partial x$ einen Diffusionsstrom hervorruft, bei welchem durch die Flächeneinheit einer wandparallelen Ebene in der Zeit dt eine Menge des diffundierenden Stoffes von dem Betrage $D \cdot \dfrac{\partial K}{\partial x} dt$ von rechts nach links strömt.

Wenn wir jetzt die Tatsache mathematisch formulieren, daß die Vergrößerung der Konzentration an einem Punkte dadurch hervorgerufen wird, daß in den Raum zwischen zwei wandparallelen Ebenen vom Abstande dx von rechts her mehr einströmt, als nach links weggeht, wovon noch der Verlust durch chemische Umwandlung abzuziehen ist, so erhalten wir für K die partielle Differentialgleichung

$$(1) \qquad \frac{\partial K}{\partial t} = D\frac{\partial^2 K}{\partial x^2} - \chi K.$$

Dabei ist χ eine Konstante, welche angibt, wieviel vom Stoffe A bei der Konzentration 1 im ccm pro sec verwandelt wird.

(Zur Erläuterung: Die Gleichung kommt so zustande: Schneiden wir aus zwei im Abstande dx befindlichen wandparallelen Ebenen ein Flächenstück F aus, so ist das zwischen ihnen liegende Volumen $F dx$. Ist K die Konzentration zur Zeit t, so ist sie zur Zeit $t + dt: K + \frac{\partial K}{\partial t} \cdot dt$; nach der Zeit dt hat sich also die eingeschlossene Stoffmenge um $\frac{\partial K}{\partial t} dt \cdot dx \cdot F$ (= Konzentrationsänderung mal Volumen) vermehrt. Nach links ist abgeströmt $D\frac{\partial K}{\partial x} dt F$ von rechts (bei $x + dx$) zugeströmt $D\left\{\frac{\partial K}{\partial x} + \frac{\partial^2 K}{\partial x^2} dx\right\} dt \cdot F$ also Überschuß des zugeströmten über das abgeströmte $\frac{\partial^2 K}{\partial x^2} dx\, dt F$. Verlust durch Umwandlung proportional dem vorhandenen Stoffe also $\chi \cdot K dx \cdot F \cdot dt$ (= Proportionalitätsfaktor mal Konzentration mal Volumen mal Zeit). Die Bilanz Zunahme gleich Zuströmung weniger Abströmung weniger Verlust gibt dann

$$\frac{\partial K}{\partial t} dx\, dt \cdot F = \frac{\partial^2 K}{\partial x^2} dx\, dt \cdot F - \chi K dx\, dt \cdot F,$$

woraus Gleichung (1) durch Division durch $dx\, dt \cdot F$ entsteht.)

Ebenso erhält man für die Konzentration K' des Umwandlungsproduktes R

$$(2) \qquad \frac{\partial K'}{\partial t} = D'\frac{\partial^2 K'}{\partial x^2} + \chi \cdot K.$$

Hier steht auf der rechten Seite ein + Zeichen, weil hier Gewinn ist, was dort Verlust war.

Zu den Differentialgleichungen (1) und (2) kommen noch sogenannte Randbedingungen hinzu, welche aussagen, daß die durch die Wände pro Flächen und Zeiteinheit eintretende bzw. austretende Stoffmenge nach innen abströmen bzw. von innen zuströmen muß. Ist C die Konzentration außen, K die Konzentration innen, und H die Diffusionskonstante für die Wand, so heißt dies, daß in der Sekunde pro qcm durch die Wand die Stoffmenge $H(C - K)$ nach innen einströmt. Ist nun $\frac{\partial K}{\partial x}$ das Konzentrationsgefälle am Rande, so strömt nach innen die Stoffmenge $D\frac{\partial K}{\partial x}$ pro sec und qcm ab. Setzen wir sie gleich der durch die Wand eintretenden Stoffmenge, so erhalten wir

$$(3)\qquad \text{bei } x = b/2 \qquad D\frac{\partial K}{\partial x} = H(C-K).$$

Ebenso für den Stoff R

$$(4)\qquad \text{bei } x = b/2 \qquad D'\frac{\partial K'}{\partial x} = -H'K'.$$

Schließlich soll zu Beginn des Versuches, d. h. für $t=0$, die Konzentration beider Stoffe im Innern null sein, also

$$(5)\qquad \text{für } t = 0 \qquad K = 0,$$

$$(6)\qquad K' = 0.$$

Damit ist das Problem mathematisch formuliert. Wir lösen zunächst die Gleichungen für die Konzentration K von A. Dazu benutzen wir Methoden, die aus den Wärmeleitungsproblemen bekannt sind, deren Gleichungen mit unseren Gleichungen fast identisch sind.

Zunächst ist es zweckmäßig, dimensionslose Größen einzuführen, die von der Wahl der Maßeinheiten unabhängig sind. Wir setzen

$$(7)\qquad t = \frac{b^2}{4D}\tau,\ x = \frac{b}{2}\xi,\ \chi = \frac{4D}{b^2}\psi^2,\ H = \frac{2Dh}{b},\ K = Ck.$$

$\xi = 0$ bezeichnet die Mitte, $\xi = 1$ die Wand des Gebietes. Differentialgleichungen und Randbedingungen nehmen die folgende Form an:

Differentialgleichung

$$(1')\qquad \frac{\partial k}{\partial \tau} = \frac{\partial^2 k}{\partial \xi^2} - \psi^2 k,$$

Randbedingung

$$(3')\qquad \text{für } \xi = 1 \qquad \frac{\partial k}{\partial \xi} = h(1-k),$$

Anfangsbedingung

$$(5')\qquad \text{für } \tau = 0 \qquad k = 0.$$

Zur Lösung der Gleichungen fragen wir zunächst: Was wird nach hinreichend langer Zeit geschehen? Es wird sich offenbar ein stationärer (von t unabhängiger) Zustand einstellen. Für diesen ist $\frac{\partial k}{\partial \tau} = 0$ und wir erhalten aus (1′)

$$(8)\qquad \frac{\partial^2 k^*}{\partial \xi^2} = \psi^2 k^*.$$

Wir bezeichnen die Konzentration im stationären Zustand durch k^*. Die Lösung der Gleichung (8) ist dann

$$k^* = A e^{\psi\xi} + B e^{-\psi\xi},$$

wo A und B Integrationskonstante sind. Um sie zu bestimmen, bemerken wir zunächst, daß der Vorgang zur Mitte symmetrisch ist. k^* muß somit für positive und negative Werte von ξ gleiche Werte annehmen, was nur dann der Fall ist, wenn $A = B$ ist. Setzen wir $A = B = \frac{a_0}{2}$, so wird

$$k^* = a_0 \frac{e^{\psi\xi} + e^{-\psi\xi}}{2},$$

wofür wir abkürzend

(9) $$k^* = a_0 \mathfrak{Cof}\, \psi\xi$$

schreiben.

(N. B. Man bezeichnet die mit deutschen Buchstaben geschriebenen Funktionen

(10) $$\mathfrak{Cof}\, z = \frac{e^{z} + e^{-z}}{2}, \mathfrak{Sin}\, z = \frac{e^{z} - e^{-z}}{2}$$

wegen ihrer Analogie mit den Kreisfunktionen — sie spielen für die Hyperbel die gleiche Rolle wie jene für den Kreis — als „Hyperbelfunktionen", und nennt sie den „Hyperbolischen Cosinus" und „Hyperbolischen Sinus".[1]) Insbesondere sei auf die Analogie der Differentiationsregeln hingewiesen. Es ist

(11) $$\frac{d\, \mathfrak{Cof}\, z}{dz} = \mathfrak{Sin}\, z, \quad \frac{d\, \mathfrak{Sin}\, z}{dz} = \mathfrak{Cof}\, z$$

(bloß das negative Vorzeichen bei der Differentiation des Cosinus fällt hier fort), wie man durch Ausrechnen sofort bestätigt. Auch die goniometrischen Formeln haben ihre genauen Gegenstücke, z. B. $\mathfrak{Sin}\, 2z = 2\, \mathfrak{Sin}\, z \cdot \mathfrak{Cof}\, z$, doch brauchen wir darauf nicht näher einzugehen, weil wir nur die Differentiationsregeln benutzen. Wir weisen noch auf die folgenden Formeln hin

(12) $$\frac{d\, \mathfrak{Cof}\, \psi\xi}{d\xi} = \psi\, \mathfrak{Sin}\, \psi\xi, \quad \frac{d\, \mathfrak{Sin}\, \psi\xi}{d\xi} = \psi\, \mathfrak{Cof}\, \psi\xi.)$$

---

[1]) Tafeln für die hyperb. Funktionen siehe „Hütte" Taschenbuch des Ingenieurs Bd. I.

Die Konstante a_0 in Gleichung (9) für den stationären Zustand erhalten wir aus der Randbedingung (3′). Es ist

$$\frac{\partial k^*}{\partial \xi} = a_0 \psi \operatorname{\mathfrak{Sin}} \psi\xi, \tag{13}$$

also für $\xi = 1$,

$$\frac{\partial k^*}{\partial \xi} = h(1-k^*), \quad a_0\psi \operatorname{\mathfrak{Sin}} \psi = h(1 - a_0 \operatorname{\mathfrak{Cof}} \psi), \tag{14}$$

somit

$$a_0 = \frac{h}{\psi \operatorname{\mathfrak{Sin}} \psi + h \operatorname{\mathfrak{Cof}} \psi} \tag{15}$$

und

$$k^* = \frac{h \operatorname{\mathfrak{Cof}} \psi\xi}{\psi \operatorname{\mathfrak{Sin}} \psi + h \operatorname{\mathfrak{Cof}} \psi}. \tag{16}$$

Damit ist der stationäre Zustand bestimmt. Wollen wir jetzt ausdrücken, daß sich der wirkliche aus der Anfangsbedingung $k = 0$ für $\tau = 0$ hervorgehende Zustand diesem stationären Endzustand nähert, und zwar, wie wir aus der Wärmeleitung wissen, sehr schnell, so setzen wir die Differenz $k - k^*$ als eine Reihe an, in der jedes einzelne Glied mit der Zeit exponentiell gegen Null geht.

$$k - k^* = \sum_{1}^{\infty} a_\nu e^{-\lambda_\nu \tau} \cos \varkappa_\nu \xi. \tag{17}$$

Die a_ν sind dabei später zu bestimmende Konstante, ebenso λ_ν und $\varkappa_\nu$. Daß die Abhängigkeit von ξ gerade durch Cosinusfunktionen ausgedrückt wird, entnehmen wir bekannten Entwicklungen, könnten es aber auch aus dem allgemeineren Ansatz $\Sigma a_\nu e^{-\lambda_\nu \tau} g_\nu(\xi)$ systematisch ableiten. Setzt man den Ansatz (17) in die Differentialgleichung (1′) ein, so sieht man, daß die Differentialgleichung erfüllt ist, wofern nur zwischen den Konstanten λ_ν und $\varkappa_\nu$ die Beziehung

$$\lambda_\nu = \varkappa_\nu^2 + \psi^2 \tag{18}$$

besteht. Da ψ gegeben ist, brauchen wir nur noch die $\varkappa_\nu$ zu bestimmen, und das geschieht durch Einsetzen von (17) in die Randbedingung (3′). Man erhält, wenn diese erfüllt sein soll, für die $\varkappa_\nu$ die Gleichungen

$$\varkappa_\nu \sin \varkappa_\nu = h \cos \varkappa_\nu \quad \text{oder} \quad \varkappa_\nu \operatorname{tg} \varkappa_\nu = h. \tag{19}$$

Diese Gleichung kann man zeichnerisch lösen, indem man in einem Diagramm als Abszisse $\varkappa$, als Ordinaten einmal $\eta_1 = \operatorname{tg} \varkappa$, dann $\eta_2 = h/\varkappa$ aufträgt. An den Punkten, wo die beiden Kurven sich schneiden, ist $\eta_1 = \eta_2$, also $\operatorname{tg} \varkappa = h/\varkappa$, die Abszissen der Schnittpunkte sind also die Wurzeln unserer Gleichung (19). Siehe die beigegebene Fig. 3. Diese zeigt, daß die erste Wurzel $\varkappa_1$ zwischen Null und $\pi/_2$ liegt, die

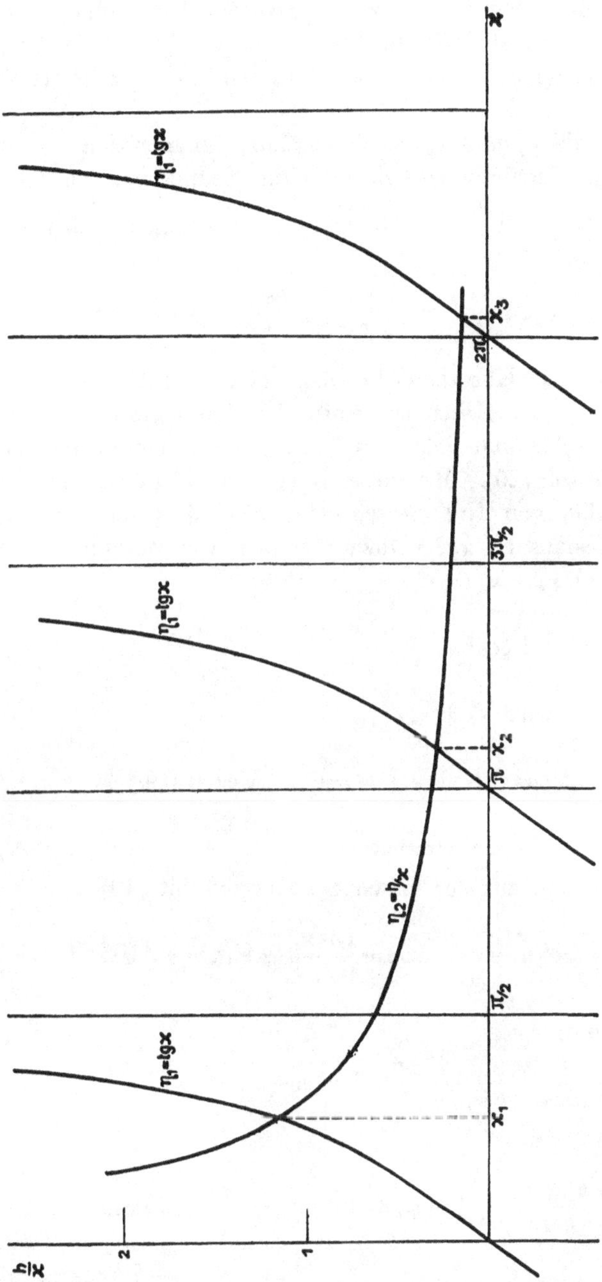

Fig. 3. Graphische Lösung der Gleichung $\varkappa_\nu \cdot \operatorname{tg} \varkappa_\nu = h$.
Erläuterung im Text.

zweite $\varkappa_2$ etwas oberhalb π, die dritte dicht bei 2π usw. Bezeichnen wir sie der Reihe nach mit $\varkappa_1$, $\varkappa_2$, $\varkappa_3$ usw., so liegen die Wurzeln $\varkappa_n$ mit Ausnahme der ersten ziemlich dicht bei $(n-1)\pi$. Die Werte für $\varkappa_\nu$ und die nach (18) daraus zu berechnenden λ_ν-Werte setzen wir in Formel (17) ein.

Nachdem die $\varkappa_\nu$ und λ_ν bestimmt sind, fehlen uns nur noch die Konstanten a_ν. Dafür haben wir noch die Bedingung, daß für $\tau = 0$ $k = 0$ sein soll. Machen wir $\tau = 0$, so werden alle $e^{-\lambda_\nu \tau} = 1$ und es wird $k = 0$, wenn

$$(20) \qquad -k^* = -\frac{h \operatorname{Cof} \psi\xi}{\psi \operatorname{Sin} \psi + h \operatorname{Cof} \psi} = \sum_1^\infty a_\nu \cos \varkappa_\nu \xi \text{ ist.}$$

Zur Bestimmung der Konstanten a_ν führt hier der folgende Kunstgriff. Man multipliziert beide Seiten mit einem der Cosinus, sagen wir $\cos \varkappa_n \xi$ und integriert rechts und links von 0 bis 1. Wir betrachten zunächst die rechte Seite von (20). Bei dieser Integration bleibt nur ein einziges Glied der Reihe von Null verschieden, nämlich gerade das Glied, welches den Cosinus $\cos \varkappa_n \xi$ enthält, mit dem wir multipliziert hatten. Für dieses wird $\varkappa_\nu = \varkappa_n$

$$(21) \qquad \int_0^1 \cos^2 \varkappa_n \xi \, d\xi = \frac{1}{2}\left(1 + \frac{\sin 2\varkappa_n}{2\varkappa_n}\right).$$

Für alle anderen wird $\varkappa_\nu \neq \varkappa_n$

$$(22) \qquad \int_0^1 \cos \varkappa_\nu \xi \cos \varkappa_n \xi \, d\xi = 0 \qquad \text{(wegen (19))}$$

sie fallen also bei der Integration fort.

Die Integration auf der linken Seite ergibt mit (19)

$$(23) \qquad \int_0^1 \operatorname{Cof} \psi\xi \cos \varkappa_n \xi \, d\xi = \frac{\cos \varkappa_n}{\lambda_n} \{\psi \operatorname{Sin} \psi + h \operatorname{Cof} \psi\}$$

Wir erhalten also

$$(24) \qquad \frac{h}{\psi \operatorname{Sin} \psi + h \operatorname{Cof} \psi} \int_0^1 \operatorname{Cof} \psi\xi \cos \varkappa_n \xi \, d\xi = \frac{h \cos \varkappa_n}{\lambda_n}$$

und somit aus

$$(25) \qquad \frac{-h}{\psi \operatorname{Sin} \psi + h \operatorname{Cof} \psi} \int_0^1 \operatorname{Cof} \psi\xi \cos \varkappa_n \xi \, d\xi = \sum_1^\infty a_\nu \int_0^1 \cos \varkappa_\nu \xi \cos \varkappa_n \xi \, d\xi$$

$$-\frac{h \cos \varkappa_n}{\lambda_n} = a_n \frac{1}{2}\left(1 + \frac{\sin 2\varkappa_n}{2\varkappa_n}\right), \quad a_n = \frac{-2h \cos \varkappa_n}{\lambda_n \left(1 + \frac{\sin 2\varkappa_n}{2\varkappa_n}\right)}.$$

In der Summe sind für $\varkappa_\nu$ der Reihe nach die Wurzeln der Gleichung $\varkappa_\nu \operatorname{tg} \varkappa_\nu = h$ (19) zu setzen, und $\lambda_\nu = \varkappa_\nu^2 + \psi^2$. Also wird (20)

$$(26) \qquad k = \frac{h \operatorname{Cof} \psi\xi}{\psi \operatorname{Sin} \psi + h \operatorname{Cof} \psi} - \sum_1^\infty \frac{2h \cos \varkappa_n}{\lambda_n \left(1 + \frac{\sin 2\varkappa_n}{2\varkappa_n}\right)} e^{-\lambda_n \tau} \cos \varkappa_n \xi.$$

Ein klein wenig können wir die Gleichung noch vereinfachen, wenn wir berücksichtigen, daß

$$\lambda_\nu = \varkappa_\nu^2 + \psi^2 \text{ also } e^{-\lambda_\nu \tau} = e^{-\psi^2 \tau} \cdot e^{-\varkappa_\nu^2 \tau}$$

ist. Ziehen wir die vom Index n unabhängigen Glieder vor die Summe, so wird

$$(27) \quad k = \frac{h \operatorname{Cof} \psi\xi}{\psi \operatorname{Sin} \psi + h \operatorname{Cof} \psi} - 2h e^{-\psi^2 \tau} \sum_1^\infty \frac{\cos \varkappa_n}{\lambda_n \left(1 + \frac{\sin 2\varkappa_n}{2\varkappa_n}\right)} e^{-\varkappa_n^2 \tau} \cos \varkappa_n \xi.$$

Wir sehen, daß die Reihe um so besser konvergiert, je größer τ ist. Sehen wir also von kleinen τ-Werten ab (d. h. wenn wir nicht gerade den Beginn des Vorganges betrachten), so können wir die Reihe durch ein oder zwei Glieder ersetzen.

Die Bestimmung der Konzentration des Umwandlungsstoffes.

Die exakte Bestimmung von K' ist umständlich. Wir beschränken uns deshalb auf einen Spezialfall, und zwar wollen wir annehmen, daß die stationäre Konzentration des Ausgangsstoffes bereits erreicht ist. Wir werden dann sehen, unter welchen Voraussetzungen wir hiermit rechnen können.

Zunächst führen wir in den Gleichungen (2), (4) und (6), welche Differentialgleichungen und Randbedingungen für K' darstellen, dieselben dimensionslosen Größen ein wie oben, denen wir noch

$$(28) \qquad K' = Ck', \; H' = \frac{2D'}{b} h', \; \frac{D'}{D} = \delta$$

hinzufügen. Die Gleichungen lauten dann

$$(2') \qquad \frac{\partial k'}{\partial \tau} = \delta \frac{\partial^2 k'}{\partial \xi^2} + \psi^2 k$$

$$(4') \qquad \text{für } \xi = 1 \qquad \frac{\partial k'}{\partial \xi} = -h' k'$$

$$(6') \qquad \text{für } \tau = 0 \qquad k' = 0$$

Für k setzen wir die stationäre Endverteilung der Konzentration von A ein

$$(16) \qquad k = k^* = a_0 \operatorname{Cof} \psi\xi = \frac{h \operatorname{Cof} \psi\xi}{\psi \operatorname{Sin} \psi + h \operatorname{Cof} \psi}$$

und suchen wieder zunächst die stationäre Verteilung von $k' = k'^*$, für welche $\frac{\partial k'^*}{\partial \tau} = 0$ ist, also nach (2')

$$\delta \frac{\partial^2 k'^*}{\partial \xi^2} = -\psi^2 k^*. \tag{29}$$

Gehen wir mit dem Ansatz $k'^* = B + \beta_0 \operatorname{Cof} \psi\xi$ in die Differentialgleichung (29) ein, so erhalten wir

$$\beta_0 = -\alpha_0/\delta_\nu \tag{30}$$

B bestimmt sich durch Einsetzen in die Randbedingung (4') zu

$$B = -\frac{\beta_0 (\psi \operatorname{Sin} \psi + h' \operatorname{Cof} \psi)}{h'} = \frac{h}{\delta h'} \frac{\psi \operatorname{Sin} \psi + h' \operatorname{Cof} \psi}{\psi \operatorname{Sin} \psi + h \operatorname{Cof} \psi}. \tag{31}$$

Jetzt setzen wir die Abweichungen von der stationären Verteilung wieder in Reihenform wie oben an

$$k' - k'^* = \Sigma \beta_\nu e^{-\lambda'_\nu \tau} \cos \varkappa'_\nu \xi. \tag{32}$$

Gehen wir mit diesem Ansatz in die Differentialgleichung ein, so erhalten wir außer der bereits gefundenen Beziehung (30) noch die Gleichungen

$$\lambda'_\nu = \delta \varkappa'^2_\nu, \tag{33}$$

ferner aus der Randbedingung (4')

$$\varkappa'_\nu \operatorname{tg} \varkappa'_\nu = h'. \tag{34}$$

Es bleibt noch die Bedingung $k' = 0$ für $\tau = 0$ zu erfüllen, die genau wie früher zur Bestimmung der Koeffizienten benutzt wird. Setzen wir $\tau = 0$, so werden alle $e^{-\lambda'_\nu \tau} = 1$ und es muß also

$$-[B + \beta_0 \operatorname{Cof} \psi \xi] = \Sigma \beta_\nu \cos \varkappa'_\nu \xi \tag{35}$$

sein. Multiplizieren wir wieder beide Seiten mit $\cos \varkappa'_n \xi$ und integrieren von null bis eins, so bleibt auf der rechten Seite von der ganzen Summe nur das Glied übrig, dessen Cosinus $\cos \varkappa'_n \xi$ war. D. h. es ist

$$\left.\begin{aligned} &\int_0^1 \cos \varkappa'_\nu \xi \cos \varkappa'_n \xi \, d\xi = 0, \text{ wenn } \varkappa_\nu \neq \varkappa_n \text{ ist} \\ &\int_0^1 \cos^2 \varkappa'_n \xi \, d\xi = \tfrac{1}{2}\left(1 + \frac{\sin 2\varkappa'_n}{2\varkappa'_n}\right) \end{aligned}\right\} \tag{36}$$

ferner für die Integration der linken Seite

(37)

$$\int_0^1 (B + \beta_0 \operatorname{Cof} \psi\xi) \cos \varkappa'_n \xi \, d\xi = B \frac{\sin \varkappa'_n}{\varkappa'_n} + \beta_0 \frac{1}{\psi^2 + \varkappa'^2_n} \left\{ \begin{aligned} &\psi \operatorname{Sin} \psi \cos \varkappa'_n \\ &+ \varkappa'_n \operatorname{Cof} \psi \sin \varkappa'_n \end{aligned} \right\}$$

Wir erhalten also durch die Integration

$$(38)\quad -\left\{B\frac{\sin\varkappa'_n}{\varkappa'_n}+\frac{\beta_0}{\psi^2+\varkappa'^2_n}(\psi\,\mathfrak{Sin}\,\psi\cos\varkappa'_n+\varkappa'_n\,\mathfrak{Cof}\,\psi\sin\varkappa'_n)\right\}$$
$$=\beta_n\frac{1}{2}\left(1+\frac{\sin 2\varkappa'_n}{2\varkappa'_n}\right)$$

Hier vereinfacht sich die linke Seite, wenn wir nach (34) $\varkappa'_n\sin\varkappa'_n = h'\cos\varkappa'_n$ setzen und nach (31) $\beta_0(\psi\,\mathfrak{Sin}\,\psi+h'\,\mathfrak{Cof}\,\psi)=-h'B$. Damit wird auf der linken Seite

$$(35)\quad B\frac{\sin\varkappa'_n}{\varkappa'_n}+\frac{\beta_0\cos\varkappa'_n}{\psi^2+\varkappa'^2_n}(\psi\,\mathfrak{Sin}\,\psi+h'\,\mathfrak{Cof}\,\psi)=B\left(\frac{\sin\varkappa'_n}{\varkappa'_n}-\frac{h'\cos\varkappa'_n}{\psi^2+\varkappa'^2_n}\right)$$
$$=B\left(\frac{\varkappa'_n\sin\varkappa'_n}{\varkappa'^2_n}-\frac{\varkappa'_n\sin\varkappa'_n}{\psi^2+\varkappa'^2_n}\right)=\frac{B\,\psi^2\sin\varkappa'_n}{\varkappa'_n(\psi^2+\varkappa'^2_n)}.$$

Also wird (38)

$$-\frac{B\,\psi^2\sin\varkappa'_n}{\varkappa'_n(\psi^2+\varkappa'^2_n)}=\beta_n\frac{1}{2}\left(1+\frac{\sin 2\varkappa'_n}{2\varkappa'_n}\right)$$

oder

$$(36)\quad \beta_n=-\frac{2B\psi^2\sin\varkappa'_n}{\varkappa'_n(\psi^2+\varkappa'^2_n)}\;\frac{1}{\left(1+\frac{\sin 2\varkappa'_n}{2\varkappa'_n}\right)}=\frac{-4B\psi^2\sin\varkappa'_n}{(\psi^2+\varkappa'^2_n)(2\varkappa'_n+\sin 2\varkappa'_n)}.$$

Die Lösung k' wird damit

$$(37)\quad k'=B\left\{1-\frac{h'\,\mathfrak{Cof}\,\psi\xi}{\psi\,\mathfrak{Sin}\,\psi+h'\,\mathfrak{Cof}\,\psi}-4\psi^2\sum_1^\infty\frac{\sin\varkappa'_n\,e^{-\lambda'_n\tau}\cos\varkappa'_n\xi}{(\psi^2+\varkappa'^2_n)(2\varkappa'_n+\sin 2\varkappa'_n)}\right\}$$

wo

$$(38)\qquad B=\frac{1}{\delta}\,\frac{h}{h'}\,\frac{\psi\,\mathfrak{Sin}\,\psi+h'\,\mathfrak{Cof}\,\psi}{\psi\,\mathfrak{Sin}\,\psi+h\,\mathfrak{Cof}\,\psi}\quad\text{und}\quad\frac{1}{\delta}\,\frac{h}{h'}=\frac{H}{H'}$$

ist. Für $\varkappa'_n$ sind der Reihe nach die Wurzeln der Gleichung $\varkappa'_n\operatorname{tg}\varkappa'_n=h'$ zu setzen; ferner $\lambda_n=\delta\varkappa'^2_n$.

Die vorstehende Rechnung, welche für die Berechnung der Konzentration des Umwandlungsproduktes mit dem stationären Zustand in der Verteilung des Ausgangsstoffes rechnete, wird die Verhältnisse offenbar um so besser wiedergeben, je langsamer das Umwandlungsprodukt seinem stationären Zustand zustrebt, verglichen mit dem Ausgangsstoff. Da in den aufgestellten Reihen das erste Glied am langsamsten abnimmt, während die Glieder mit hohem Index sehr schnell gegen Null gehen, müssen wir also die ersten Glieder der Reihe für K und K' vergleichen. Die Größe, welche die Abhängigkeit von der Zeit in dem

Ausdruck für k liefert, ist $e^{-\lambda_1 \tau}$, in dem Ausdruck für k' $e^{-\lambda'_1 \tau}$ (immer die ersten Glieder betrachtet). Es muß also für unseren Fall λ_1 groß gegen λ'_1 sein. Nun war

$$\lambda_1 = \psi^2 + \varkappa_1^2 \quad \lambda'_1 = \delta \varkappa'^2_1$$

d. h. es muß

$$\delta \varkappa'^2_1 < \psi^2 + \varkappa_1^2 \quad \delta < \frac{\psi^2 + \varkappa_1^2}{\varkappa'^2_1}$$

sein. Allgemeine Kriterien, welche Verhältnisse der Diffusionskonstanten und der Umwandlungskonstanten unsere Annahme begünstigen, lassen sich schwer geben. Man wird von Fall zu Fall die vorkommenden Werte vergleichen müssen.

Wir wollen schließlich noch berechnen, welche Mengen des Stoffes A pro Zeiteinheit chemisch umgewandelt werden. Pro Einheit des Volumens ist es in der sec. χK. Greifen wir also ein Volumen heraus, das von einem Parallelepiped begrenzt wird, welches sich von der linken zur rechten Begrenzungsebene erstreckt und einen Querschnitt von 1 qcm hat, so ist die umgewandelte Menge in diesem Volumen pro sec.

$$U = \chi \int_{-b/2}^{+b/2} K \, dx$$

oder, wenn wir die dimensionslosen Größen einführen

$$U = \chi C \frac{b}{2} \int_{-1}^{+1} k \, d\xi.$$

Setzen wir hier den für k gewonnenen Ausdruck (27) ein, so erhalten wir

$$U = \chi C b \left\{ \frac{h}{\psi} \frac{\mathfrak{Sin}\,\psi}{\psi \mathfrak{Sin}\,\psi + h \mathfrak{Cof}\,\psi} - h e^{-\psi^2 \tau} \sum_1^\infty \frac{\sin 2\varkappa_n \, e^{-\varkappa_n^2 \tau}}{\lambda_n \varkappa_n \left(1 + \frac{2 \sin \varkappa_n}{2 \varkappa_n}\right)} \right\}$$

Für den stationären Endzustand $t = \infty$ wird dies

$$U = \frac{\chi}{\psi} \cdot \frac{C b h \, \mathfrak{Sin}\,\psi}{(\psi \mathfrak{Sin}\,\psi + h \mathfrak{Cof}\,\psi)}.$$

6. KRULL, WOLFGANG. Die verschiedenen Arten der Hauptidealringe. Reichsmark 0·50
7. ROESER, ERNST. Übergang von der nichteuklidischen Streckentrigonometrie zur Winkelmessung. Reichsmark 0·30
8. WELLSTEIN, JULIUS. Zur Differentialgeometrie der isotropen Kurven. Reichsmark 1·50
9. EWALD, RUDOLF. Die geodynamischen Erscheinungen des krystallinen Odenwaldes als Beispiel einer geoisostatischen Ausgleichsschwingung. Reichsmark 1·50
10. VOELCKER, ILSE. Über eine ganz junge Verwerfung bei Rauenberg im Kraichgau. Reichsmark 0·30
11. LIEBMANN, HEINRICH. Die Aufschließung von Differentialinvarianten Reichsmark 0·50

Abteilung B. Biologische Wissenschaften.

Jahrgang 1923.

1. KOSSEL, A. und R. E. GROSS. Über die Darstellung und quantitative Bestimmung des Arginins. Reichsmark 0·30

Von Jahrgang 1925 ab findet die Trennung in Abteilung A und B nicht mehr statt.

Jahrgang 1925.

1. HEFFTER, LOTHAR. Zur absoluten Geometrie II. Reichsmark 0·50
2. ROESER, ERNST. Die komplementären Figuren der nichteuklidischen Ebene. Reichsmark 0·50
3. FLADT, KUNO. Neuer Beweis f. d. Zuordnung von rechtwinkligem Dreieck und Spitzeck in der hyperbolischen Elementargeometrie. Reichsmark 0·30
4. SALOMON, WILHELM. Beobachtungen über Harnische. Reichsmark 0·70
5. LOEWY, A. Beiträge zur Algebra. 1—4. Reichsmark 1·—
6. HELLPACH, WILLY. 2. Mitteilung zur Physiognomik der deutschen Volksstämme. Reichsmark 0·30
7. LOEWY, ALFRED. Neue elementare Begründung und Erweiterung der Galoisschen Theorie. Reichsmark 2·—
8. CURTIUS, THEODOR und BERTHO, ALFRED. Einwirkung von Stickstoffkohlenoxyd und von Stickstoffwasserstoffsäure unter Druck auf aromatische Kohlenwasserstoffe. Reichsmark 0·40
9. ROESER, ERNST. Die gnomonische Projektion in der hyperbolischen Geometrie. Reichsmark 0·70
10. RASCH, G. Über die Ausnützung der Gezeiten des Meeres zur Energiegewinnung. Reichsmark 0·80
11. SALOMON, WILHELM. Magmatische Hebungen. Reichsmark 1·20
12. PÜTTER, A. Altersbestimmungen an Drachenbäumen von Tenerife. Reichsmark 0·90
13. VOLK, OTTO. Über geodätische rhombische Kurvennetze auf krummen Flächen, insbesondere auf Flächen konstanter Krümmung. Reichsmark 1·10
14. ROESER, ERNST. Die Fundamentalkonstruktion der hyperbolischen Geometrie. Reichsmark 1·40
15. RÜGER, L. und RÜGER-HAAS, P. Palaeosemaeostoma geryonides v Huene sp., eine sessile Meduse aus dem Dogger von Wehingen in Württemberg und Medusina liasica nov. sp., eine Coronatenähnliche Meduse aus dem mittleren Lias von Hechingen in Württemberg. Reichsmark 1·50

Jahrgang 1926.

1. KRULL, WOLFGANG. Theorie und Anwendung der verallgemeinerten Abelschen Gruppen. Reichsmark 1·70
2. KLEBS, GEORG. Über periodisch wachsende tropische Baumarten. Reichsmark 1·20
3. MÜLLER, MAX. Über die Oberfläche von Flächenstücken. Reichsmark 1·20
4. ERNST, MAX. Über Anlagen von Organen, die nicht zur Ausbildung gelangen. Reichsmark 0 50
5. ERNST, EMIL. Die optischen Eigenschaften des Andesins von Bodenmais. Reichsmark 1·10
6. LIEPMANN, WILHELM. Leichengeburt bei Ichthyosauriern. Reichsmark 0·90
7. KLEBS, GEORG. Über die Längenperiode der Internodien. Reichsmark 2·40
8. JOST, L. und v. UBISCH, G. Zur Windefrage. Reichsmark 0·80
9. SALOMON, WILHELM. Gibt es Gesteine, die für bestimmte Erdperioden charakteristisch sind? Reichsmark 0·30
10. ROESER, ERNST. Der reelle Übergang zwischen den beiden nichteuklidischen Geometrien und ihrem Parallelenbegriff. Reichsmark 1·20
11. SALOMON, WILHELM. Kugelförmige Absonderung. Reichsmark 0·80
12. SALOMON, WILHELM. Felsenmeere und Blockstreuungen. Reichsmark 0·80
13. SALOMON, WILHELM. Die Gruppendefinitionen in der Paläontologie. Reichsmark 0·90

Jahrgang 1927.

1. LOEWY, ALFRED. Neue elementare Begründung und Erweiterung der Galoisschen Theorie. Reichsmark 1·60
2. LIEBMANN, HEINRICH. Rhombische Geradennetze im Raum. Reichsmark 1·—
3. VOLK, OTTO. Über geodätische Dreiecksnetze auf Flächen konstanten Krümmungsmaßes. Reichsmark 1·80
4. PÜTTER, A. Chemische Reizwirkung und Giftwirkung. Mit einem mathematischen Anhang: Ein Diffusionsproblem von E. TREFFTZ. Reichsm. 2·40

Abhandlungen der Heidelberger Akademie der Wissenschaften

Mathematisch-naturwissenschaftliche Klasse

Abteilung A

12. MOHR, ERNST. Über den Zusammenhang zwischen der Struktur und den morphologischen Merkmalen des Diamanten. 1924. Reichsmark 3·50
13. REINMUTH, KARL. Die Herschel-Nebel, nach Aufnahmen der Königstuhl-Sternwarte. 1926. Reichsmark 20·—
14. SALOMON, WILHELM. Die Erbohrung der Heidelberger Radium-Sol-Therme und ihre geologischen Verhältnisse. 1927. Reichsmark 8·—

Druck: Hermann Böhlaus Nachfolger Hof-Buchdruckerei G. m. b. H. Weimar.

FSC
www.fsc.org
MIX
Papier | Fördert
gute Waldnutzung
FSC® C083411

Kolibri 360 GmbH
Ferdinand-Jühlke-Straße 7
99095 Erfurt, Deutschland
produktsicherheit@kolibri360.de